写给设计师的书

网页配色

设计手册

孙 芳 编著

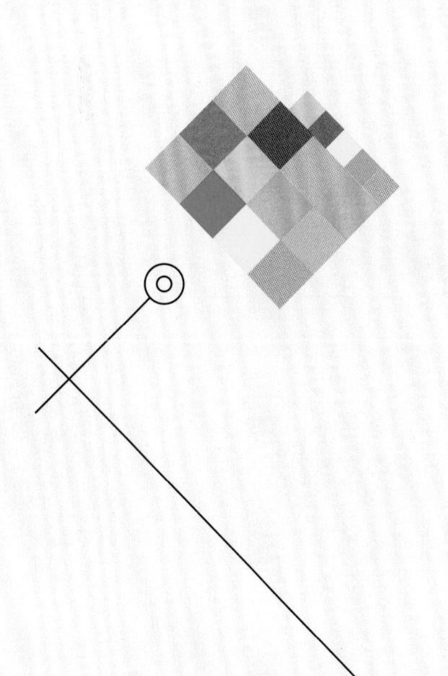

清华大学出版社
北 京

内容简介

本书是一本全面介绍网页设计相关知识的图书。

本书从学习网页设计的基础知识入手，循序渐进地为读者呈现一个个精彩实用的知识、技巧。本书共分为7章，内容分别为网页的基础知识，网页设计的五大原则，网页设计的基础色，网页的布局方式，不同行业的网页色彩搭配，网页色彩的视觉印象，网页设计秘笈。在本书4~6章的每章后面还特意安排了大型的设计实例，详细地为读者分析完整的综合设计的思路、扩展等。并且在多个章节中安排了案例解析、设计技巧、配色方案、设计欣赏、设计实战、设计秘笈等经典模块，在丰富本书结构的同时，也增强了实用性。

本书内容丰富、案例精彩、版式设计新颖，适合网页设计师、平面设计师、初级读者学习使用，可以作为大中专院校网页设计专业、平面设计专业及网页设计培训机构的教材，也非常适合喜爱网页设计的读者朋友作为参考用书。

图书在版编目 (CIP) 数据

网页配色设计手册 / 孙芳编著. -- 北京：清华大学出版社，2016

（写给设计师的书）

ISBN 978-7-302-44203-5

Ⅰ. ①网… Ⅱ. ①孙… Ⅲ. ①网页—制作—配色—设计—手册 Ⅳ. ① TP393.092-62

中国版本图书馆 CIP 数据核字（2016）第 152433 号

责任编辑： 陈冬梅
封面设计： 杨玉兰
责任校对： 韩宜波
责任印制： 王静怡

出版发行： 清华大学出版社
网　　址： http://www.tup.com.cn, http://www.wqbook.com
地　　址： 北京清华大学学研大厦 A 座　　**邮　　编：** 100084
社 总 机： 010-62770175　　**邮　　购：** 010-62786544
投稿与读者服务： 010-62776969, c-service@tup.tsinghua.edu.cn
质量反馈： 010-62772015, zhiliang@tup.tsinghua.edu.cn
印 装 者： 北京亿浓世纪彩色印刷有限公司
经　　销： 全国新华书店
开　　本： 190mm×260mm　　**印　张：** 13.5　　**字　数：** 331 千字
版　　次： 2016 年 8 月第 1 版　　**印　次：** 2016 年 8 月第 1 次印刷
印　　数： 1～3000
定　　价： 59.80 元

产品编号：067249-01

《网页配色设计手册》是作者对自己多年从事网页设计工作的一个总结，希望能成为让读者少走弯路、找到设计捷径的经典手册。书中包含了网页设计必学的基础知识及经典技巧。身处设计行业，你一定要知道“光说不练假把式”。本书不仅有理论，还有精彩的案例赏析，并用大量的模块启发你的头脑，锻炼你的设计能力。

希望读者看完本书后，不会只是说：“我看完了，挺好的，作品好看，分析也挺好的。”这不是编写本书的目的。我们希望读者会说：“这本书给我更多的是思路上的启发，让我的思维更加开阔，学会了设计上的举一反三；通过吸收消化，把知识变成了自己的。”这才是作者编写本书的初衷。

本书内容

第 1 章 **网页的基础知识。介绍网页设计的色彩、点 / 线 / 面、构成。**

第 2 章 **网页设计的五大原则。包括主题鲜明性原则、形式统一性原则、色彩和谐性原则、简洁清晰性原则、友好性原则。**

第 3 章 **网页设计的基础色。从红、橙、黄、绿、青、蓝、紫、黑、白、灰 10 种颜色，逐一分析，讲解每种色彩在网页设计中的应用规律。**

第 4 章 **网页的布局。包括网页的布局方式、网页版面设计的常用技巧。**

第 5 章 **不同行业的网页色彩搭配。包括 14 种不同的风格。**

第 6 章 **网页色彩的视觉印象。包括 14 种常见的色彩视觉印象。**

第 7 章 **网页设计秘笈。精选 10 个设计秘笈，让读者轻松愉快地学习完最后的部分。本章也是对前面各章知识点的巩固和理解，读者要动脑筋思考。**

本书特色

◎ 实践为主，鉴赏为辅。纯鉴赏类书只能欣赏，看完后自己还是设计不好，本书则不同，增加了多个动手的模块，让读者边看、边学、边练。

◎ 章节合理，易于吸收。1~3 章主要讲解网页设计的基本知识，4~6 章介绍网页设计的布局方式、不同行业的网页色彩搭配、网页色彩的视觉印象等，第 7 章以轻松的方式介绍 10 个设计秘笈。

◎ 由设计师写，给设计师看。针对性强，充分了解读者的需求。

◎ 模块丰富，内容细致。案例解析、设计技巧、配色方案、设计欣赏、设计实战、设计秘笈在本书中都能找到，更全面地满足读者的求知欲。

本书是“写给设计师的书”系列图书中的一本。在本系列书中，读者不仅能系统地学习网页设计，而且还有更多的设计专业知识供读者选择。

本书通过对知识的归纳总结、趣味的模块讲解，帮助读者打开设计思路，增强动脑、动手的能力。希望通过本书，能激发读者的学习兴趣，帮助您迈出第一步，圆您一个设计师的梦！

一起跟随作者，翻开新的一页学习吧！

本书由孙芳编写，参与本书编写和整理工作的还有柳美余、苏晴、郑鹊、李木子、矫雪、胡娟、马鑫铭、王萍、董辅川、杨建超、马啸、孙雅娜、李路、于燕香、丁仁雯、张建霞、马扬、王铁成、崔英迪、高歌。

本书在写作过程中，参考并引用了一些网站页面。下面列出若干主要网站的相关网址：

https://www.nhbank.com/
http://kiosk.com/
http://www.muji.com.cn/
http://jilky.com/
http://www.yoplait.com/
http://global.gmarket.co.kr/Home/Main
http://www.petitejolie.com.br/
http://www.esteelauder.com/
http://www.awwwards.com/
https://www.designhotels.com/

由于作者水平有限，书中难免存在错误和不妥之处，希望广大读者批评和指正。

编　者

目录

第1章
CHAPTER1
P/01
网页的基础知识

第5章 CHAPTER2 P/98 不同行业的网页色彩搭配

第6章 CHAPTER6 网页色彩的视觉印象

第7章 CHAPTER7 网页设计秘笈

第1章 网页的基础知识

随着时代的发展和进步，越来越多的企业和个人都会建立属于自己的网站，用来在网络上进行展示，以达到信息推广和交流的目的。色彩搭配作为网页的第一视觉语言，运用得当是锦上添花，能够吸引并留住访客；反之，颜色搭配混乱的网页则会让访客心生厌倦。本章就来讲解与颜色、设计、构成相关的网页基础知识。

1.1 色彩的基础知识

单纯的色彩本身并没有任何实际意义，只有当两种或两种以上的颜色搭配在一起，才会形成不同的视觉感受。网页的色彩五花八门，若想引起访客的注意，就要把握好整体的色彩风格。本节主要学习色彩的基础知识。

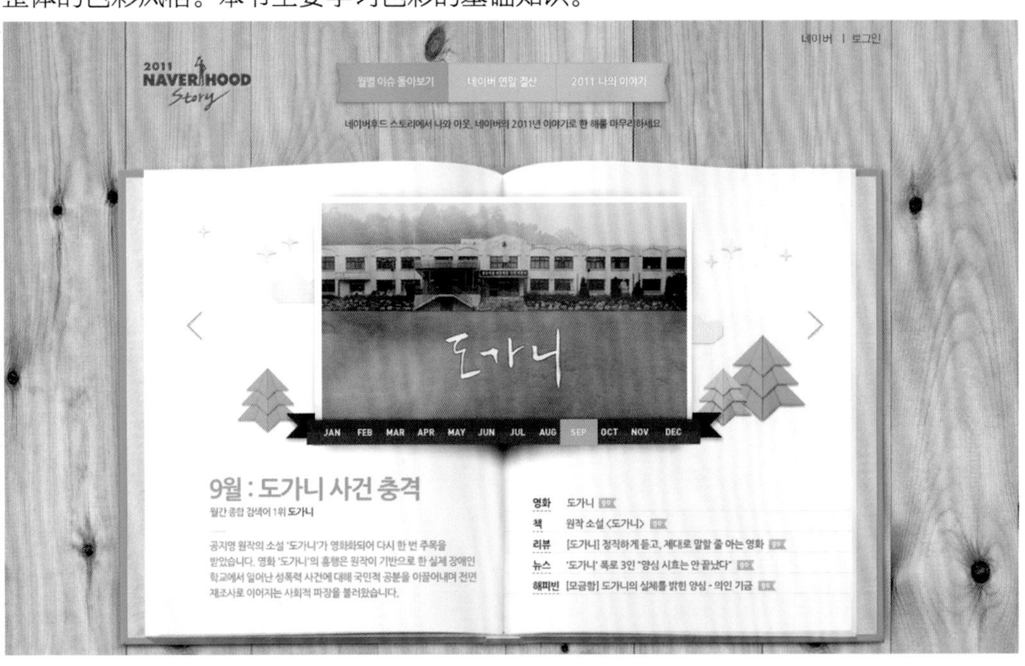

1.1.1 认识色彩

我们生活在一个绚丽缤纷的色彩世界中，天空、草地、海洋、花朵都有它们各自的色彩。色彩是通过眼睛传入大脑的，然后结合生活经验，产生一种对光的视觉感受效果。如果这个世界上没有光，就无法在黑暗中分辨物体的颜色。

人们之所以能看到并能辨认物体的色彩和形状，是因为凭仗光的映照，反射到我们视网膜上的结果，若没有光，那么物体的色彩就无从辨认。所以人要想看见色彩，必须满足如下三个条件。

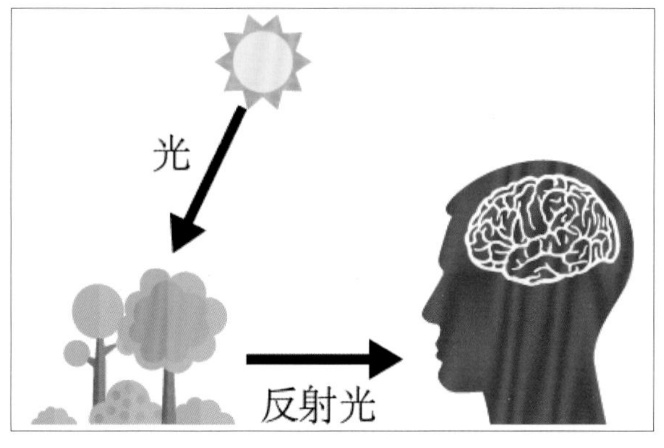

第一是光，如果没有光，就没有色彩。

第二是物体，若只有光而没有物体，人依旧不能感知到色彩。

第三是眼睛，人的眼睛中有视觉感知和神经传导系统，然后通过大脑来辨别出不同的颜色。

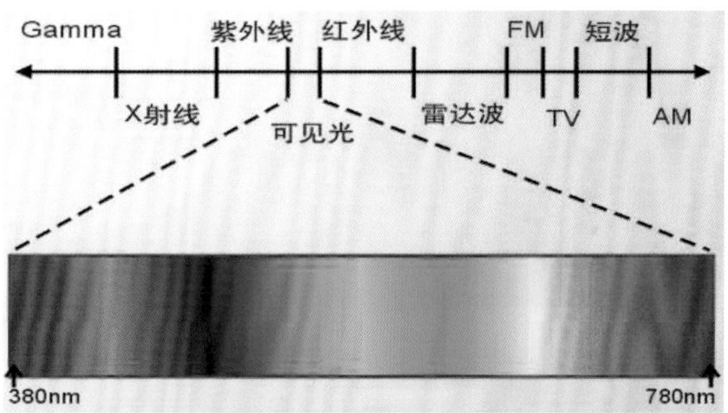

可见光是电磁波谱中人眼可以感知的部分，一般在380纳米到780纳米波长范围内，包括从红色到紫色的所有色彩的光。

阳光是复色光，有红、橙、黄、绿、蓝、靛、紫这些不同频率的光。一束阳光射入三棱镜后，会发生偏转角度不同的折射，所以原本一个方向前进的光束就会被分解成按不同偏转角度顺序排列的光带，这个光带就是光谱。光谱实际上就是一种可见的电磁波，有波长和振幅两种特性，其中波长的差异造成色相的区别，如短波长为紫色，中波长为绿色，长波长为红色；振幅的大小则决定了光的强弱，也就是色彩的明暗。

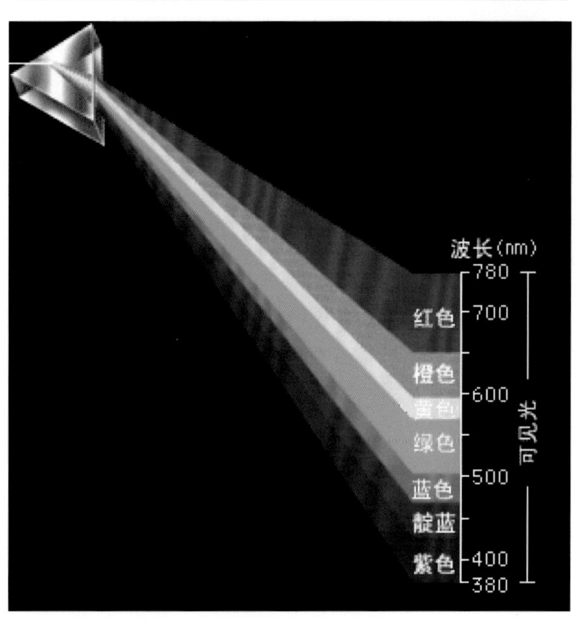

1.1.2 网页色彩的特性

网页上的色彩是通过计算机显示器进行表现的，它具有特殊性。只有正确地了解网页色彩的属性，才能更加合理地运用色彩，制作出精美的网页。

计算机显示器呈现的画面是由一个个被称为像素的小点构成的，像素把由光的三原色红（R）绿（G）蓝(B) 组合成的色彩按照科学的原理表现出来。像素的每种原色在内存中包含 8 位宽度，可代表 0 ~ 255 共计 256 种取值。0 是完全无光的状态，255 是最亮的状态。

网页中的色彩都是依靠数字表达的，为了保证数据在交换过程中的完整性，每一台终端机获得的数据都是相同的。但是，由于计算机设备、操作系统、色彩模式的不同，即使是同一个网页，显示的色彩还是会有偏差的。

尽管一些因素会影响网页的色彩，但是，设计网页时，可以通过网页安全色去最大限度地消除色彩在传播过程中的差别。网页安全色是 256 色模式中一些规定数值的通用标准色彩组合，它一共有 6×6×6=216 种色彩。

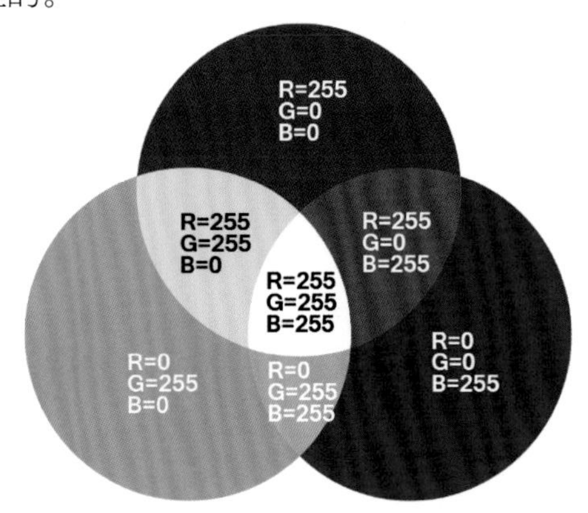

1.1.3 色彩的属性

色彩的属性是指色相、明度、纯度三种性质。它们分别代表着色彩的外貌、色彩的明暗程度和色彩的鲜艳程度。我们之所以能在繁杂的颜色中加以区分，就是因为每一种颜色都有自己的鲜明特征。颜色的三个属性在某种意义上是各自独立的，但在另外意义上又是互相制约的。一种颜色的某一个属性发生了改变，那么，这种颜色的特征必然要发生改变。

1. 色相

任何一种彩色都有属于自己的色相，色相是指颜色的基本相貌，它是颜色彼此区分的最主要、最基本的特征。为了应用方便，通常以光谱色序为色相的基本排序，即以红、橙、黄、绿、青、蓝、紫为基础色，加上几种间色，构建出 12 色环。

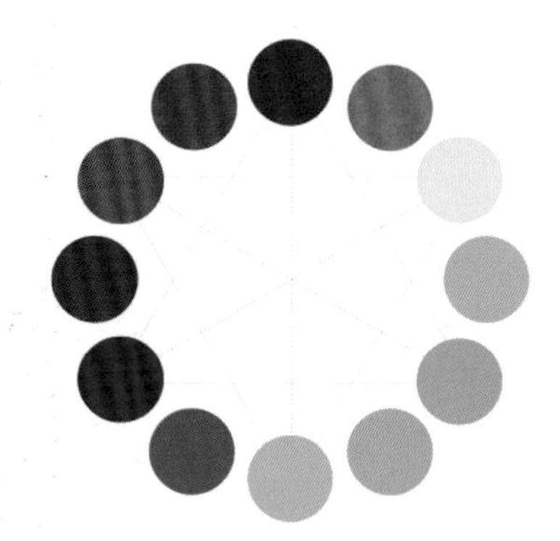

2. 明度

明度是指颜色的明暗程度，色彩的明度分为两种情况：一种是相同色相的不同明度，另一种是不同色相的不同明度。一个画面只有颜色而没有明度的变化，就显得死板、缺乏立体感，因此明度是表达立体空间关系和细微层次变化的重要特征。

3. 纯度

纯度又叫饱和度、彩度，是指颜色的浓度，也可理解成色彩的鲜艳程度。越是鲜艳的颜色，其所包含的色量越高。相反，一个低纯度的颜色，其中所含色量很低。例如，在一种纯色中添加白色、灰色和黑色，它的颜色纯度都会发生变化。

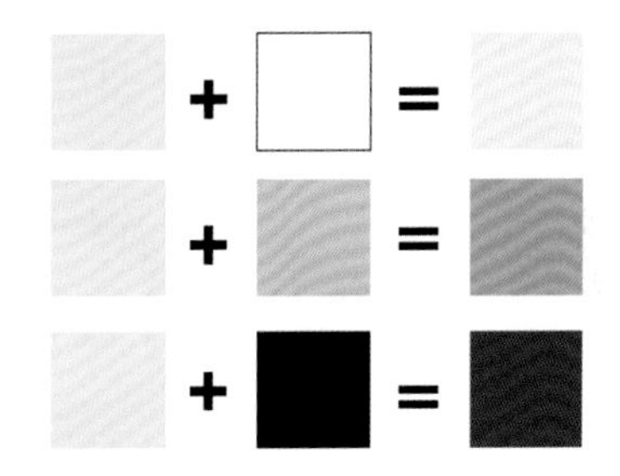

1.1.4 色彩的分类

按照视觉效果，可以将色彩分为有彩色和无彩色两种。

有彩色是带有色彩倾向的颜色，例如常见的红、橙、黄、绿、青、蓝、紫等，这些都是有彩色。无彩色是指黑、白以及各种明度的灰色。无彩色只具有明度，不含有色彩倾向。

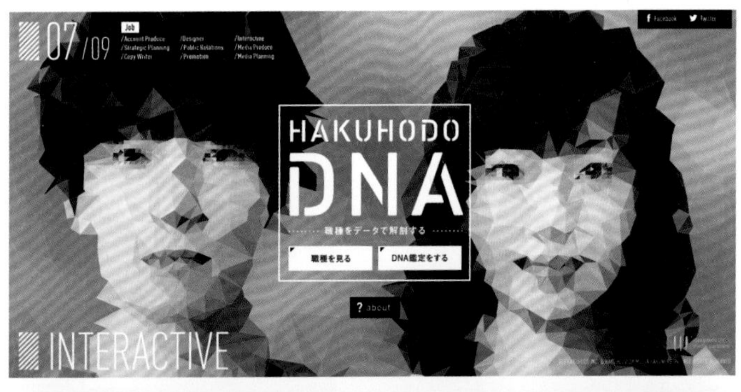

1.1.5 色彩的心理感受

色彩的心理感受是指不同色彩的色相、明度、纯度给人带来不同的心理暗示。视觉受色彩明度及纯度的影响，会产生冷暖、轻重、远近等不同感受和联想。色彩本身并无情感，而是人们通过对生活经验的积累，对色彩形成了心理感受。

1. 色彩的重量感

色彩的轻重感，主要取决于明度。明度高的颜色感觉轻，明度低的颜色感觉重。当色彩的明度相同时，纯度高的比纯度低的感觉轻。

2. 色彩的远近感

色彩的远近感是色彩的明度、纯度、面积等多种对比造成的错觉现象。高明度、暖色调的颜色会感觉靠前，这类颜色被称为前进色；低明度、冷色调的颜色会感觉靠后，这类颜色被称为后退色。

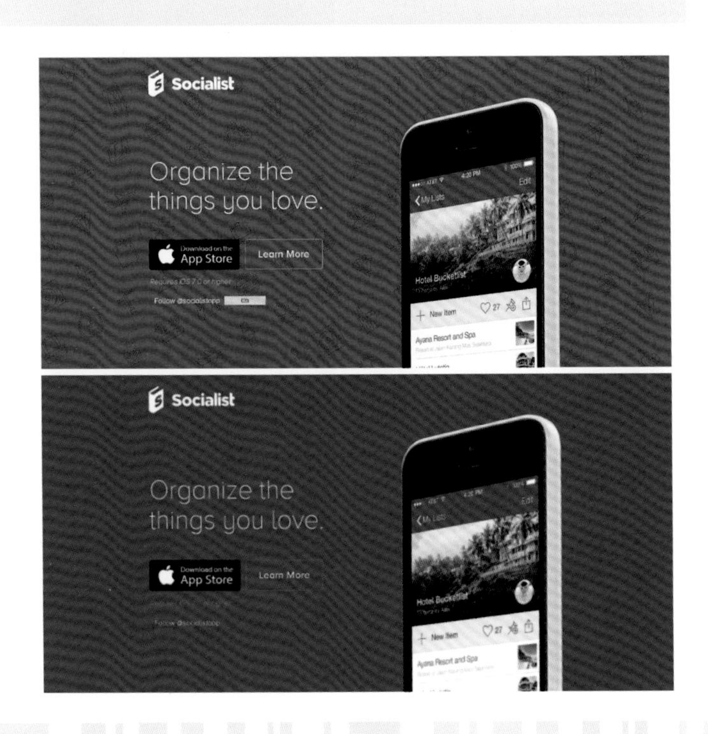

3. 颜色的冷暖感

对颜色冷暖的感受是人类对颜色最为敏感的感觉，在色环中绿色一边的色相为冷色，红色一边的色相为暖色。冷色给人一种冷静、沉着、严寒的感觉，暖色给人一种温暖、热情、活泼的感觉。

1.1.6 主色、辅助色、点缀色的关系

在设计一个作品时，颜色通常由主色、辅助色和点缀色组成。主色广义上的含义是占据画面最多的颜色，它决定了整个作品的色彩基调。辅助色是用来烘托、渲染主色调的，当辅助色与主色调为同色系时，作品效果和谐、稳重；当辅助色为主色的对比色或互补色时，作品效果活泼、激情。点缀色是占据面积最小的颜色，可以理解为点睛之笔，是整个作品的亮点所在。

1.2 网页设计的点、线、面

点、线、面是组成网页版式的最基本元素，也是一切视觉艺术不可或缺的组成部分。通常由点到线，由线到面，它们之间存在一种循序渐进的关系。点、线、面之间的组合形成不同的视觉形象，从而传递出不同的视觉信息。

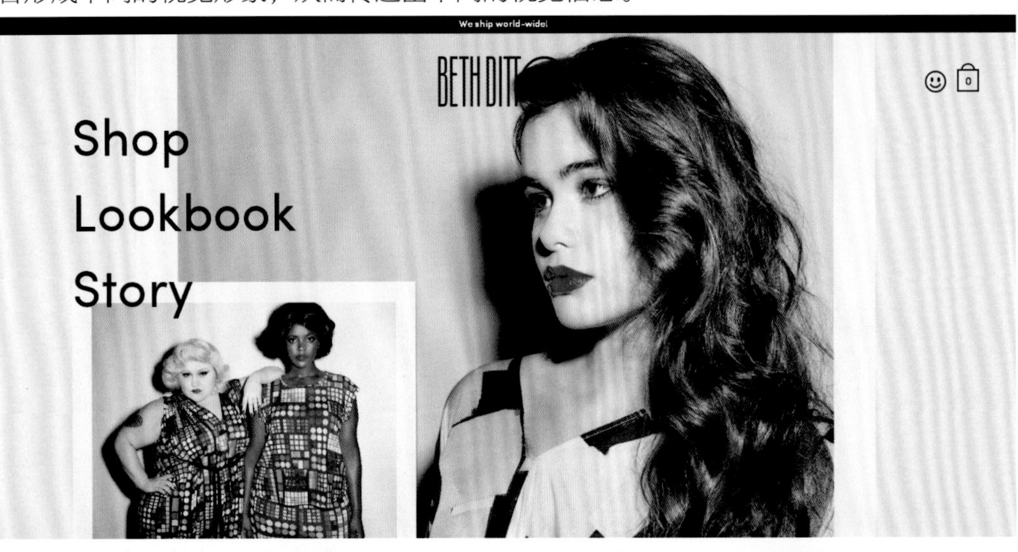

1.2.1 点

点是最基本的形态，是造型艺术中最小的构成单位。点可以是一个色块、一个文字，也可以是圆形、矩形、不规则图形。点虽然面积小，但是它具有形状、方向、大小、位置等变化。

如果画面中只有一个点，那么它可以集中视线。如果有两个一样大小的点，并各自有其位置的时候，它的张力作用就表现在连接这两个点的视线上，即在视觉心理上

产生连续的效果。

点可以集中视线，具有画龙点睛的作用。如果两个点的大小不同，那么大的点更能吸引视线，但是视线会逐渐从大的点移向小的点，最后集中到小的点上，越小的点积聚力越强。

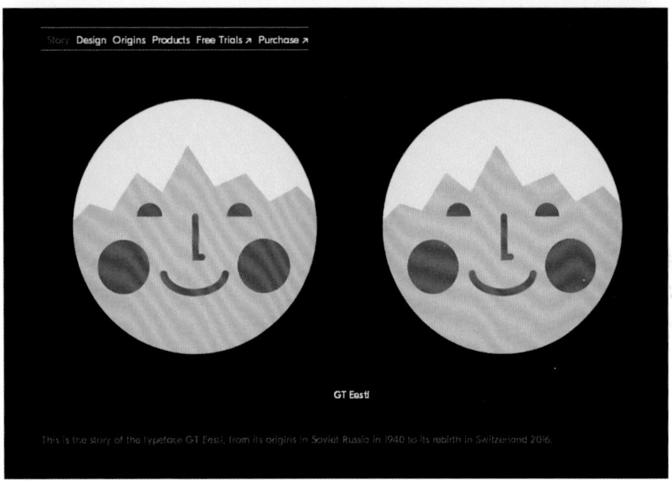

1.2.2 线

线是由点的运行所形成的轨迹，又是面的边界。在构图中表示方向、长短、重量、刚柔，以线构成的画面可以给人一种规律感和韵律感。

不同的线给人的感觉也会不同，直线表现静，曲线表现动感。

线有很强的心理暗示作用，通常直线代表男性，象征着力量、稳重；曲线代表女性，象征着柔美、温柔。

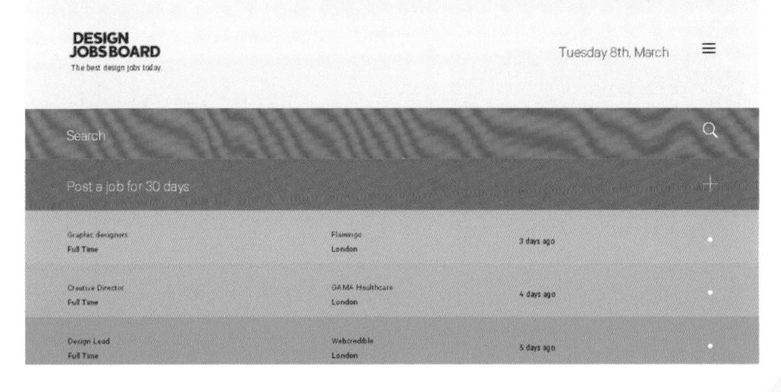

1.2.3 面

在平面设计中，面只有长度和宽度，却没有厚度。面的表现力比点和线都要强烈，它的形态是多样的，不同形态的面在视觉上有不同的作用和特征。例如：矩形具有平衡感，三角形具有稳定感，圆形具有饱满感。有规律的面具有简洁、明了、稳定和秩序的感觉；自由的面具有柔软、轻松、生动的感觉。

1.3 网页的构成

网页虽然形式上千差万别，但是主要的构成要素却大同小异。通常，网页是由标题栏、网站 Logo、页眉、页脚、导航和主体内容构成的。

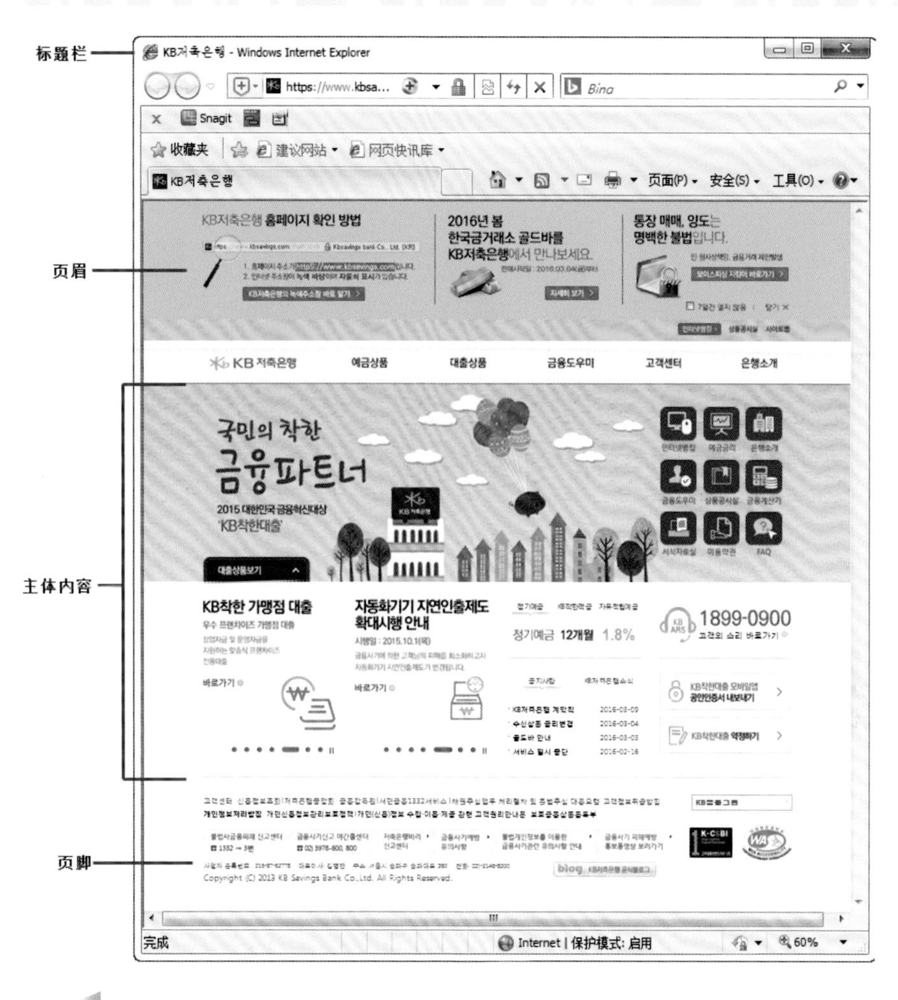

1.3.1 网页的尺寸

网页的局限性在于它无法突破显示器的显示范围，在本来就局促的空间中，浏览器也占去了不少空间，所以网页屏幕尺寸也不相同。

也就是说，浏览器中的可用空间受到屏幕分辨率的影响。大多数人将显示器分辨率设置为 1024×768 像素。分辨率设置为 640×480 像素或 800×600 像素的只是极少数。但是，考虑到以低分辨率来适应高分辨率的原则，所以很多网站还是在 800×600 像素的分辨率中进行制作。有些使用 1024×768 像素分辨率制作的网站，在页眉或页脚上会注明“建议分辨率为 1024×768”字样。

当显示器的分辨率为 800×600 像素时，浏览器的屏幕最大宽度为 800 像素，由于默认的垂直滚动条占 20 像素，默认的内容距离页面左右边各 10 像素，所以网页的安全宽度应该为 760 像素。所谓“安全”，是指在全屏显示的时候，浏览器是不会出现水平滚动条的。

若把浏览器的宽度减少到 800 像素以内，在浏览器的底部就会出现水平的滚动条，这是因为网页主体内容的宽度大于浏览器内容的宽度。

通常来说，如果访问者需要拖曳水平滚动条才能够浏览到网页中的所有内容，那么这张网页的设计就是不成功的。

1.3.2 网页标题

网页标题是对一个网页的高度概括，每一个网站中的每个页面都有一个标题，用来提示页面中的主要内容。它的主要作用是引导访问者清楚地浏览网站中的内容。

1.3.3 网站的 Logo

在 IT 领域，Logo 是标志、徽标的意思，主要的用途是与其他网站链接以及作为网站的标志。图形化形式（特别是动态）的 Logo 链接，比文字形式的链接更能引起人们的注意。

为了便于 Internet 上信息的传播，采用统一的国际标准是必要的。关于网站的 Logo，目前有三种规格。

- 88×31 像素：这是互联网上最普遍的 Logo 规格。
- 120×60 像素：这种规格用于一般大小的 Logo。
- 120×90 像素：这种规格用于大型 Logo。

1.3.4 网页页眉

网页页眉指的是页面顶端的部分，有的页面划分比较明显，有的页面没有明确区分。通常情况，页眉的设计风格与整体页面风格一致，富有变化的页眉有与网站 Logo 一样的标志作用。页眉位置的吸引力较高，大多数网站创建者在此设置网站的宗旨、宣传口号、广告标语等。

1.3.5 网页页脚

网页的页脚位于页面的底部，通常用来标注站点所属公司的名称、地址、网站版权信息、邮件地址等信息，使用户能够从中了解该站点所有者的基本情况。

1.3.6 网页导航

网页导航是指通过一定的技术手段，为网站的访问者提供一定的途径，使其可以方便地访问到所需的内容。网页导航在每个网页中的位置都是不同的。网页导航表现为网站的栏目菜单设置、辅助菜单和其他在线帮助等形式。

1.3.7 网页的主体内容

主体内容是网页设计的元素。它一般是二级链接内容的标题，或是内容提要，或是内容的部分摘录。其表现手法一般是图像和文字相结合。

第2章 网页设计的五大原则

网页设计也是艺术类的表现形式，视觉传达设计开拓了新的网络视觉文化空间。对于网页设计师来说，打造非凡的交互体验，设计一个可用性强的网站是大家共同的目标。但是企业也有着自己的需求，因而这两者经常会出现冲突。所以在对网页版式的设计中要遵循以下几点原则。

（1）主题鲜明性原则。

（2）形式统一性原则。

（3）色彩和谐性原则。

（4）简洁清晰性原则。

（5）界面友好性原则。

2.1 主题鲜明性原则

网页设计的主题是整个网站的灵魂所在，它起到对网站的整体风格和特色做出定位、规划网站的组织结构的作用。通常，设计师会通过视觉设计去表现网页的主题，这就要求设计师不但要以单纯、简练、清晰和精确的形式进行表达，而且在强调艺术性的同时，更应该注重通过独特的风格和强烈的视觉冲击力来鲜明地突出设计主题。可以通过以下三点做到网页主题鲜明。

（1）对网页构成元素运用艺术的形式美法则进行条理性处理，以便更好地营造符合设计目的的视觉环境，从而起到使主题鲜明的作用。

（2）抓住访客心理，按照视觉心理规律和形式将主题主动地传达给访客，以使主题在适当的环境中被访客接受。

（3）网页的效果力求简洁，要点明确，以简单明确的语言和画面来体现本站的主题，从而吸引访客的注意。

主题鲜明的网页设计

在制作网页的初期，一定要为网页设定一个明确的主题，尤其是个人网站。只有明确网页的主题，才能在此基础上更好地进行创意构思，从而形成总体的设计方案。

设计理念：在该网页中，画面中的图片都与食品相关联，从而可以判定这是一个以食品为主题的网页设计。该网页结构并不复杂，内容一目了然。

色彩点评：该网页整体呈现出一种灰色调，是典型的“日式风格”配色。其中采用浅卡其色作为背景颜色，让整体画面呈现柔和、朴素的效果。

❶导航栏位于网页的左侧，并将文字竖向排列，非常有民族特点。

❷画面中，宣传图中的灰色背景与浅卡其色的对比较弱，给人一种柔和、亲切的感觉。

❸作为食品类的网页设计，以绿色作为点缀色，给人一种健康、自然、美味的视觉效果。

CMYK=7,7,16,0 RGB=241,237,220
CMYK=71,48,100,7 RGB=94,117,10
CMYK=23,35,82,0 RGB=213,173,63
CMYK=3,51,66,0 RGB=248,155,87
CMYK=60,49,44,0 RGB=121,126,131

该网页为运动主题的网页，以白色搭配红色，给人一种积极、奋进的视觉印象。该网页布局简约，以大幅图片作为视觉中心，非常具有吸引力。

CMYK=78,72,69,39 RGB=58,58,58
CMYK=12,93,85,0 RGB=228,42,42
CMYK=19,15,14,0 RGB=213,213,213
CMYK=0,0,0,0 RGB=255,255,255

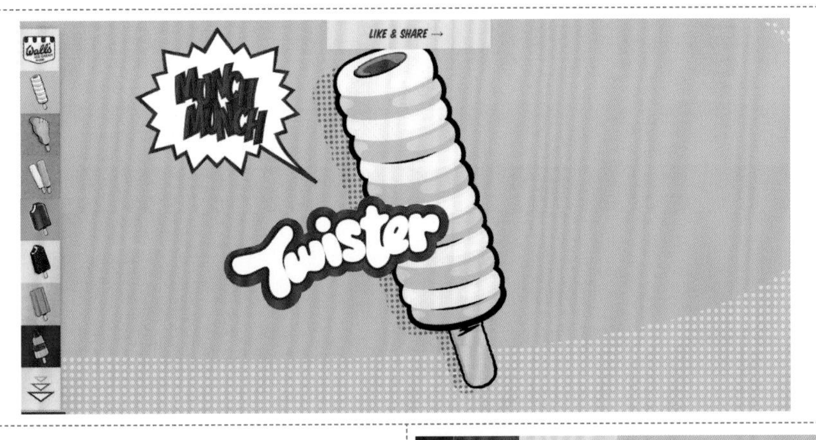

这是一个矢量插画风格的网页设计，画面中颜色简单，配色效果鲜明，非常具有吸引力。该网页以冰淇淋作为主题，它并没有以实景图片作为宣传重点，这种另辟蹊径的设计方式，给人留下深刻的印象。

CMYK=100,96,26,0 RGB=23,41,132
CMYK=11,96,17,0 RGB=230,0,126
CMYK=6,16,82,0 RGB=254,220,49
CMYK=45,11,92,0 RGB=164,196,47

提升网页品质的技巧——留白

“留白”就是留下空白，它不是一个色彩概念，而是一种形式概念，它依存于整体布局结构关系中。利用留白这种手段，可以向访客传达出设计者的诉求。

留白效果处理得当，整个画面会显得整洁而有开放感，画面的主题往往更具吸引力。留白的表现手法不只应用于网页设计，在其他领域也应用广泛，例如版式设计、海报设计、绘画等多个领域。

配色方案

网页设计赏析

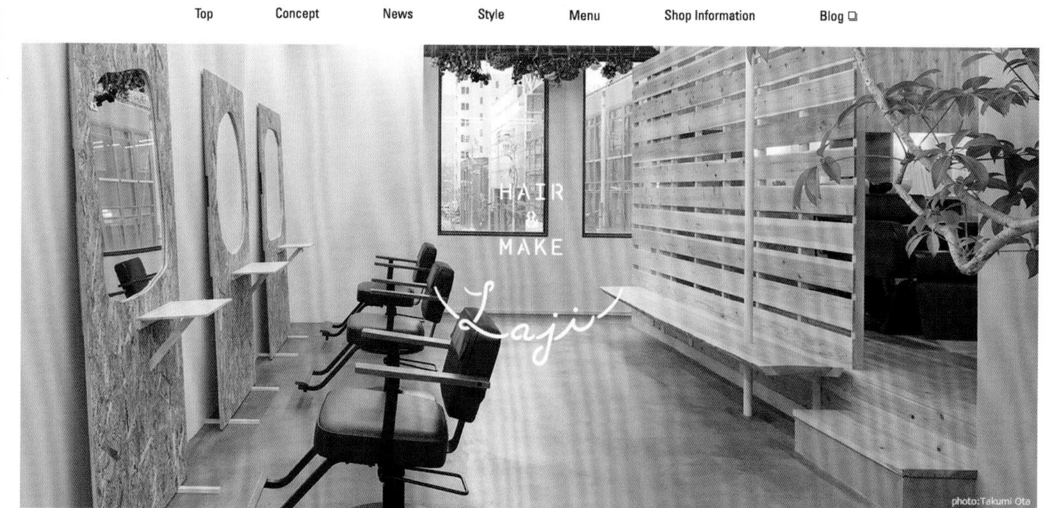

2.2 形式统一性原则

形式统一性原则是指在整个网站中，每个网页之间在内容上存在联系、在表现形式上相互呼应，做到整个画面风格统一、色彩统一、布局统一的效果。

在一个网站中会存在多个页面，当访客从一个页面跳转到另外一个页面时，两个页面在风格、色彩和布局上要有一定的关联，这样才能够符合形式统一性原则。如果违背了形式统一性原则，则设计出来的作品不但没有生气，就连最基本的视觉设计和信息传达功能也无法实现，甚至有可能会传递错误的信息，造成混乱。

形式统一的网页设计

形式统一的网页设计可以让访客更加快捷、精准、全面地掌握网站的内容，并给人一种内部有机联系、外部和谐完整的美感。通常可以从布局、色彩、风格三个方面来构成形式上的统一。

瀬戸内産 天然真鯛鯛めしの素 2合分×2

设计理念：这是来自一个网站中的两个页面之一，它们的布局、色彩和风格都是互相统一的。整个页面的布局非常简单，中央的宣传图很好地介绍了商品，网页 Logo、标题和导航分别位于图片的左、上、右侧，使用方法一目了然。

色彩点评：该网页以白色作为主体颜色，整个画面看起来干净、清爽，在对比的作用下，黑色的文字变得非常突出，易于访客的阅读和理解。

1. 高度的形式统一可以让整个网站看起来非常连贯，符合人们的审美习惯。
2. 网页的布局别出心裁，将网页 Logo 放置画面的左侧，这样的手法是比较少见的。
3. 简约的布局方式和白色调的配色，使整个页面看起来非常简单、大方，可以给访客留下极佳的印象。

CMYK=0,0,0,0 RGB=255,255,255

CMYK=100,100,100,100 RGB=0,0,0

CMYK=0,96,95,0 RGB=255,0,0

该网页以灰色作为主色调，整体给人一种内敛、儒雅的感觉，画面中，图形以相同的形状整齐摆放，在视觉上营造了一种平衡的感觉。商品的背景为统一的灰色，也形成了统一的视觉感受。

CMYK=78,70,64,27 RGB=66,70,74
CMYK=91,66,88,50 RGB=7,54,39
CMYK=19,14,14,0 RGB=214,214,214
CMYK=4,3,3,0 RGB=247,247,247

该网页采用类似色的配色原理，青色为主色调，绿色为辅助色。整个页面给人清新、活泼的感觉。商品包装中的绿色与绿色的草地相呼应，整个画面色彩协调统一。

CMYK=11,0,83,0 RGB=253,255,0
CMYK=83,43,17,0 RGB=0,128,182
CMYK=55,11,100,0 RGB=136,186,26
CMYK=56,4,85,0 RGB=130,195,75
CMYK=58,4,5,0 RGB=98,203,245

提升网页品质的技巧——整个网站风格一致

在网页设计的过程中，尽管要融入很多创新元素，但是整个网站的风格要统一，这样才能使整个网站看起来是一个整体。我们可以通过按钮、链接、导航栏等设计，让整个网站的风格一致。

JILKY

BLOG NEWS WEBSTORE COLLECTION CONTACT

JILKY

配色方案

三色配色 四色配色 五色配色

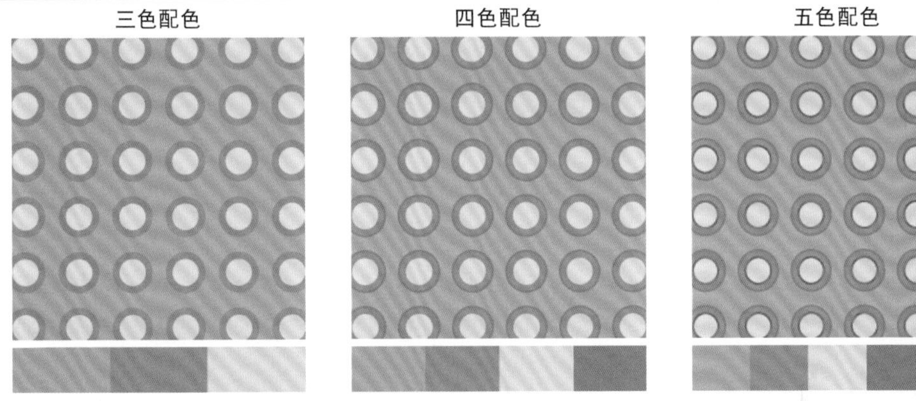

网页设计赏析

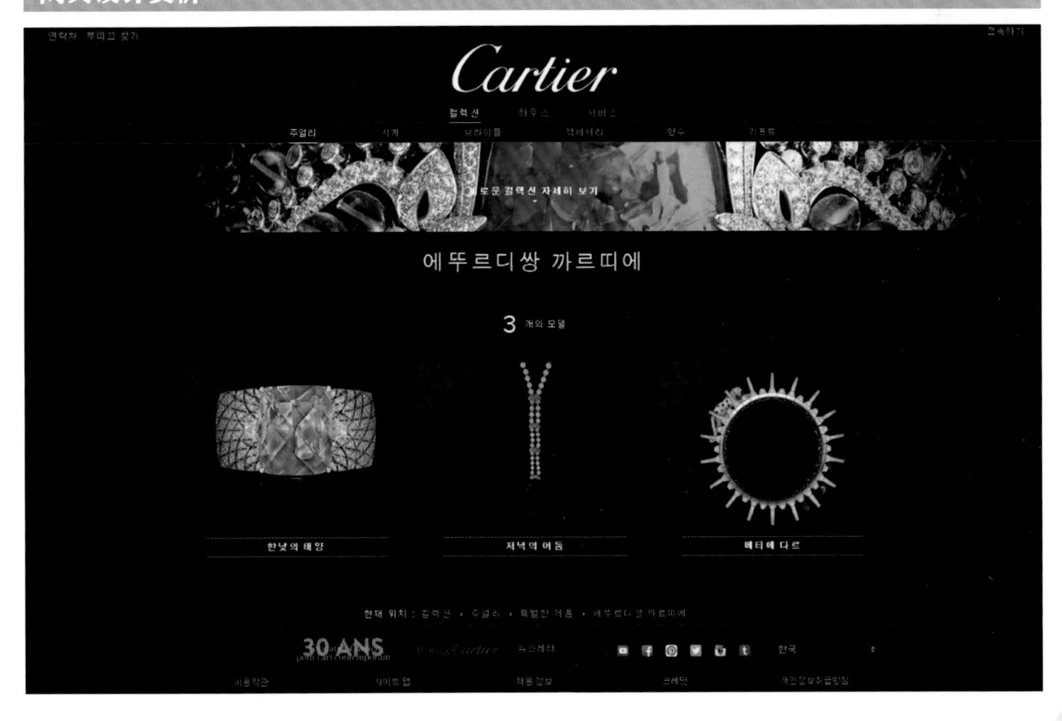

2.3 色彩和谐性原则

色彩是一种强有力的视觉语言，它甚至比网页布局更具视觉影响力。色彩的搭配会影响整个网站的定位、风格、情感。通过不同的配色方案，可以给访客带来感官上的刺激，从而产生共鸣。

色彩和谐的网页设计

每一种色彩都具有不同的情感，所以一个优秀的网页设计，色彩的搭配是至关重要的。网页中的色彩和谐，能给访客一种心旷神怡的感觉，也能够传递一种统一、正确的观念，让访客觉得这个网站是认真、庄重的。

设计理念：该网页采用海报型的布局方式，视觉效果强烈，利用全屏的图片和简洁的文案传递出产品的气质和理念，同时给人大方、舒展的感觉。

色彩点评：该网页以粉色为主色调，以红色、洋红色作为点缀色。整体采用同类色的配色方案，画面色感和谐，多种点缀色让画面颜色变得丰富。

1 该网页主题明确，非常具有吸引力和号召力。

2 以粉色调作为该网页的主色调，非常贴切主题。

3 网页中虽然内容丰富，但是条理清晰，非常易于访客的理解和消化。

CMYK=14,99,76,0 RGB=224,8,54

CMYK=14,26,7,0 RGB=225,200,216

CMYK=19,100,100,0 RGB=215,5,18

CMYK=48,100,58,7 RGB=153,8,76

CMYK=63,69,45,2 RGB=119,92,114

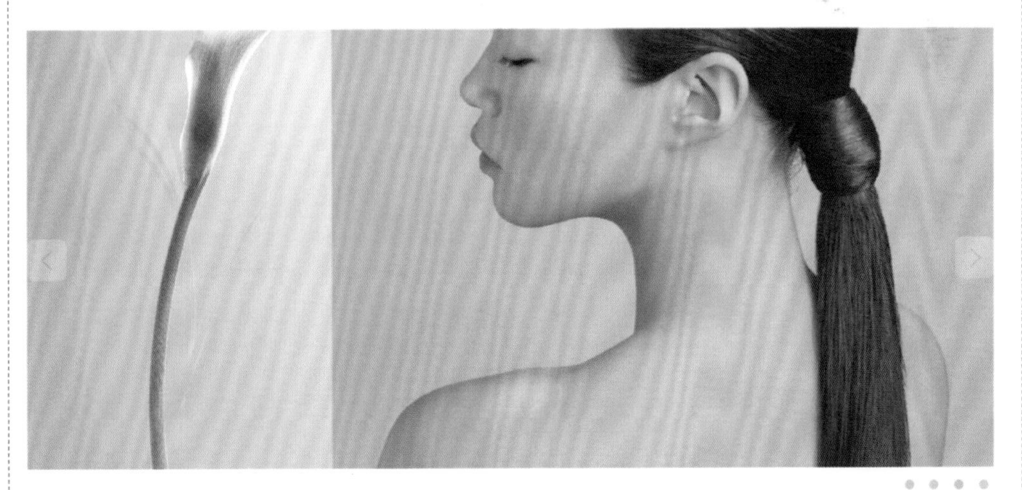

在该网页中，有彩色的部分主要来自于网页中的图片。我们可以看到，这两幅图片色调是非常相近的，这也是网页色彩和谐的关键。

CMYK=38,23,13,0 RGB=171,186,207

CMYK=46,21,49,0 RGB=156,181,143

CMYK=25,13,19,0 RGB=202,211,206

CMYK=37,19,21,0 RGB=174,192,196

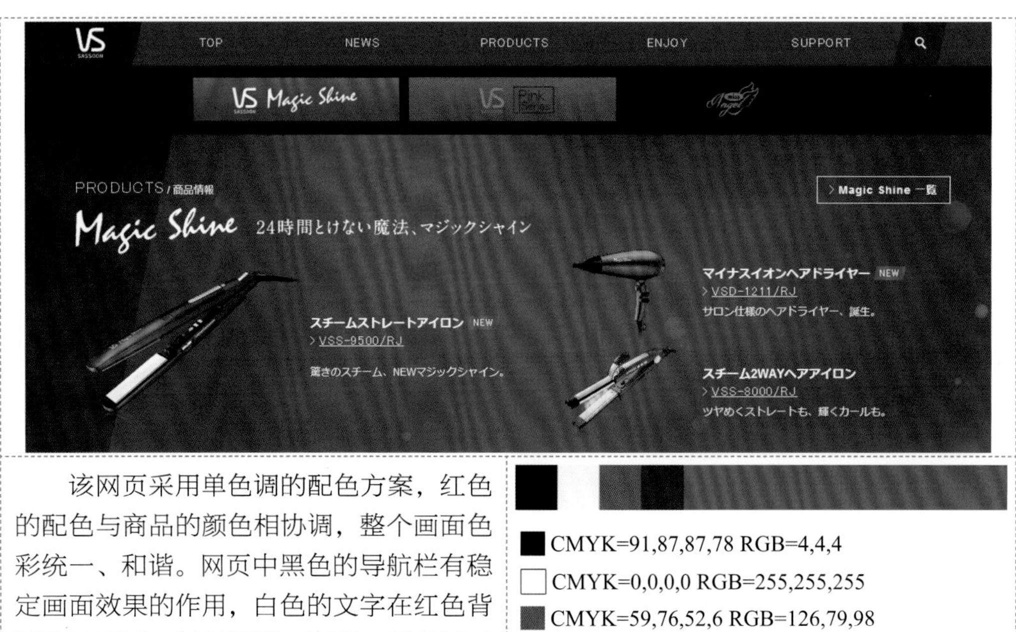

该网页采用单色调的配色方案，红色的配色与商品的颜色相协调，整个画面色彩统一、和谐。网页中黑色的导航栏有稳定画面效果的作用，白色的文字在红色背景的衬托下，显得洒脱、率真，而且易于阅读。

CMYK=91,87,87,78 RGB=4,4,4

CMYK=0,0,0,0 RGB=255,255,255

CMYK=59,76,52,6 RGB=126,79,98

CMYK=53,100,100,41 RGB=105,2,1

CMYK=28,100,100,1 RGB=199,1,0

提升网页品质的技巧——主次分明的层级关系

视觉元素如果有清楚的浏览次序，那么应该明确它们的层级关系。层级关系明确的网页设计通常会按照顺序去浏览网页，网页的主旨也会在短时间内精准地传递给访客。

如果一个网页层级关系不明确，那么访客在浏览网页的过程中就会困惑，甚至离开网页。

例如在右图中，标题文字与段落文字的字号存在着较大的差异，这就是层级关系的一种体现。

配色方案

三色配色

四色配色

五色配色

2.4 简洁清晰性原则

简洁清晰性原则是指去除不重要的内容，而仅保留较少的重要内容，突出网页设计的主题信息。简洁清晰的网页设计通常主题突出，中心思想明确，非常易于记忆和理解，而且简洁、清晰、新颖的效果将更加深入人心。如今简洁清晰的网页设计越来越流行，缩短了人们观看网页的时间。大量的文字内容，会不利于突出重点，满屏的产品介绍，将导致杂乱无章。而简单的网页设计更能直击人心，快速传递情感。

简洁清晰的网页设计

简洁清晰的网页设计通常会减少设计元素的使用，或是在网页中安排大量留白，这样做的目的，在于将干扰降至最低，以便用户能够专注于重要的内容。

设计理念：这是一个网站的首页，大面积的留白可以非常清晰地突出主题，增强网页的表现效果。网页的构图十分简单，内容简练，易于访客理解。

色彩点评：该网页颜色非常简单，首先映入眼帘的是大面积的红色，具有非常鲜明的视觉效果。

❶在该网页中，大面积的留白增加了网页的空间感。

❷在精简的布局方式下，画面中的商品具有很强的存在感。

❸红色＋白色的配色是十分经典的配色方案。在页面中，白色的文字和红色的背景反差性很大，具有很强的视觉冲击力。

CMYK=0,0,0,0 RGB=255,255,255

CMYK=16,88,91,0 RGB=221,62,36

CMYK=84,79,76,61 RGB=30,32,33

该网页采用高明度的配色方案，画面属于亮灰色调，视觉效果柔和、优雅。网页的布局十分简约，在很大程度上提升了用户体验。

CMYK=10,34,20,0 RGB=233,187,187
CMYK=16,52,49,1 RGB=120,120,120
CMYK=12,8,11,0 RGB=230,231,227
CMYK= 8,4,3,0 RGB=238,243,247

该网页采用整张大图作为背景，具备极强的视觉冲击力，同时，可以有效地引导访客驻足观看，从而达到点击网页的目的。在该网页中，网页的布局也非常简洁，半透明的按钮，可以拉开网页前景与背景的距离，使之产生更强烈的空间感。

CMYK=78,72,70,40 RGB=57,57,57
CMYK=69,96,37,2 RGB=113,44,108
CMYK=10,8,8,0 RGB=235,233,232
CMYK=38,42,45,0 RGB=174,151,134
CMYK=31,26,24,0 RGB=188,184,184

提升网页品质的技巧——文字排列与字的色彩

文字与整个版式都息息相关，虽然字体有很多种，但是，真正能够使用的也只有一小部分，所以要尽可能地选择网页安全字。在字体的选择上要符合画面整体的气氛，例如，有的字体体现严肃，有的字体体现幽默，有的字体体现力量感。也要根据信息的主次关系去选择不同的字体及字号，而且要对文字的“字间距”与“行间距”进行调整。文字颜色的选择也非常重要，因为色彩可以使文字不受位置的局限，加强或减弱文字的表现强度。

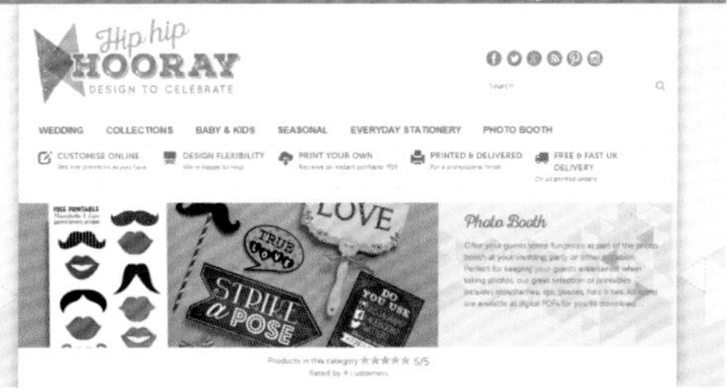

配色方案

三色配色

四色配色

五色配色

网页设计赏析

2.5 界面友好性原则

网页设计的友好性原则包括三个方面。

1. 对用户友好

能够充分满足用户的需要，以友好的信任感打动人心，从而提高网站的访问量。

2. 对网络环境友好

适合搜索引擎进行检索，便于积累网络营销资源。

3. 对经营者友好

能够使经营者的网站日常维护和管理更高效、方便、友好。

友好性原则

网页设计的友好性原则通常表现为打开网站后界面美观，便于使用，可用性高，给人以美观、舒适、大方的感觉。

设计理念：该网页采用海报式的布局方式，整体效果舒展大气。在画面中央，利用色相的区别，将版面一分为二，形成了鲜明的对比。

色彩点评：该网页采用类似色的配色方案，以青色与青绿色为主体色，以黄色和绿色为点缀色，整体色调轻松活泼。

❶前景中的文字位于两个版面的中间，让两个版面产生了紧密的联系。

❷在背景中以人物剪影效果作为点缀，既丰富了画面的内容，又不会喧宾夺主。

❸标题文字在字体的选择上非常符合整个画面的气氛，黄色的字体在画面中效果也非常突出。

CMYK=62,0,25,0 RGB=70,213,218

CMYK=54,0,39,0 RGB=106,232,191

CMYK=8,5,86,0 RGB=253,237,2

CMYK=75,3,100,0 RGB=0,178,0

该网页以黄色作为主色调，绿色作为点缀色。我们可以看到，网站的 Logo 是一个绿色的仙人掌，而选择黄色作为主色调是为了让访客联想到沙漠。矢量插画的风格设计方式给人一种幽默、有趣的感觉。

CMYK=91,87,87,78 RGB=4,4,4

CMYK=0,0,0,0 RGB=255,255,255

CMYK=71,13,93,0 RGB=73,170,66

CMYK= 7,17,88,0 RGB=253,217,0

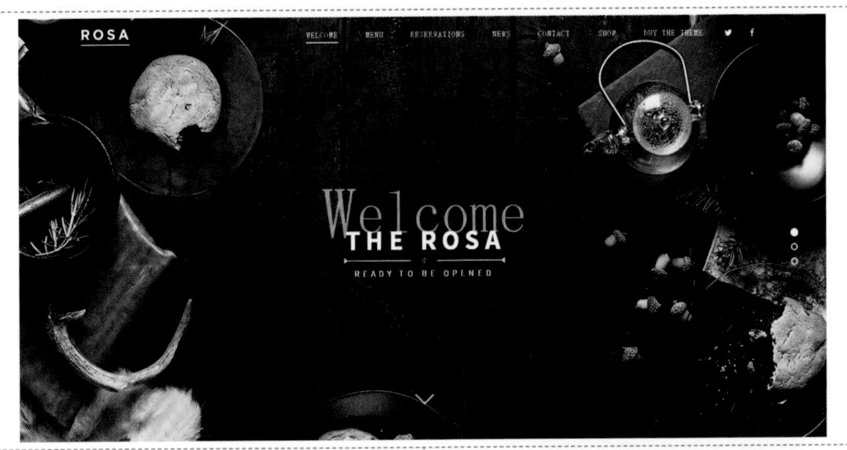

这是一个网站的首页设计，画面正中间的欢迎问候非常符合网站的友好性原则。藏蓝色的色调给人一种神秘、悠远的感觉。采用俯拍手法的图像，很好地将访客的视线集中到了画面中心位置的文字上，具有一定的视觉导向作用。

CMYK=0,0,0,0 RGB=255,255,255

CMYK=47,51,69,1 RGB=156,130,91

CMYK=91,82,55,26 RGB=38,54,79

CMYK=96,93,74,68 RGB=4,10,26

提升网页品质的技巧——导航栏（条）的设计

导航栏最明显的作用就是指引用户快速进入页面。合理的导航条可以使得页面层次清晰，方便用户使用。在导航栏的设计方面，要考虑其摆放位置、风格、所用技术、可用性和网页易读性。

配色方案

双色配色
三色配色
四色配色

网页设计赏析

JUST HANG
LOOSE
MY FRIEND!
SEND A PERSONALIZED MESSAGE
Tweet

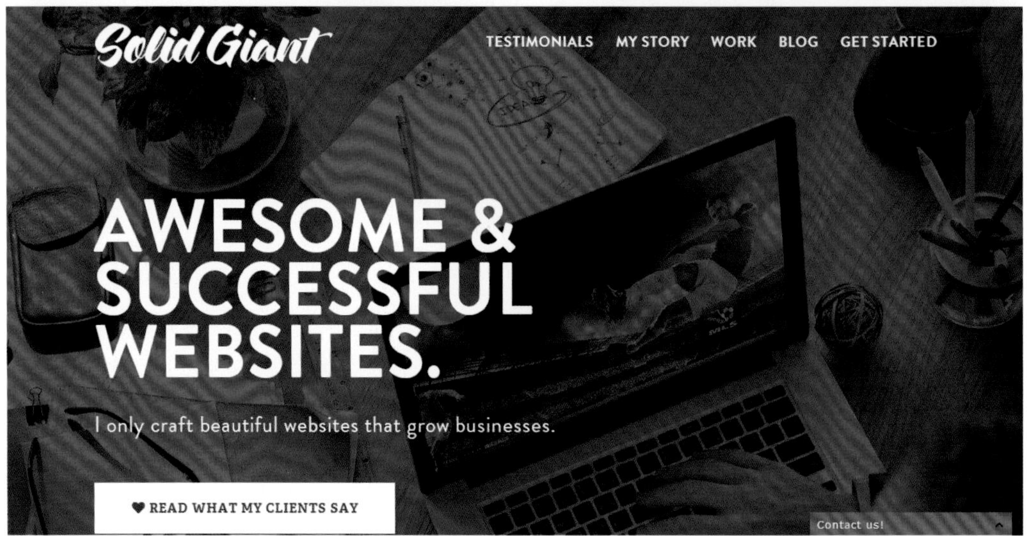
Solid Giant
TESTIMONIALS
MY STORY
WORK
BLOG
GET STARTED
AWESOME &
SUCCESSFUL
WEBSITES.
I only craft beautiful websites that grow businesses.
READ WHAT MY CLIENTS SAY
Contact us!

第3章 网页设计的基础色

一切网页均离不开色彩，因为颜色的不同，才缔造了一个缤纷的网络世界。在网页设计中，色彩可以最真实、准确地传递网页所要表达的感情，它对于网站气氛的渲染和意境的表现都起到了决定性的作用。网页中的颜色还可以帮助用户了解和解读信息，让用户在潜意识中对网站产生良好的印象。本章就来学习网页设计的基础色。

3.1 红

3.1.1 认识红色

红色是所有色彩中对视觉感觉影响最强烈的色彩。红色纯度较高时，它炽烈似火，壮丽似太阳，热情奔放；当其明度增大转为粉红色时，则变为甜美纯真、天真烂漫、柔情似水。

色彩情感：热情、活力、兴旺、女性、生命、喜庆、活泼、热闹、温暖、幸福、甜蜜、爱情、吉祥、积极、爽快、先驱、名誉、邪恶、停止、警告、血腥、危险。

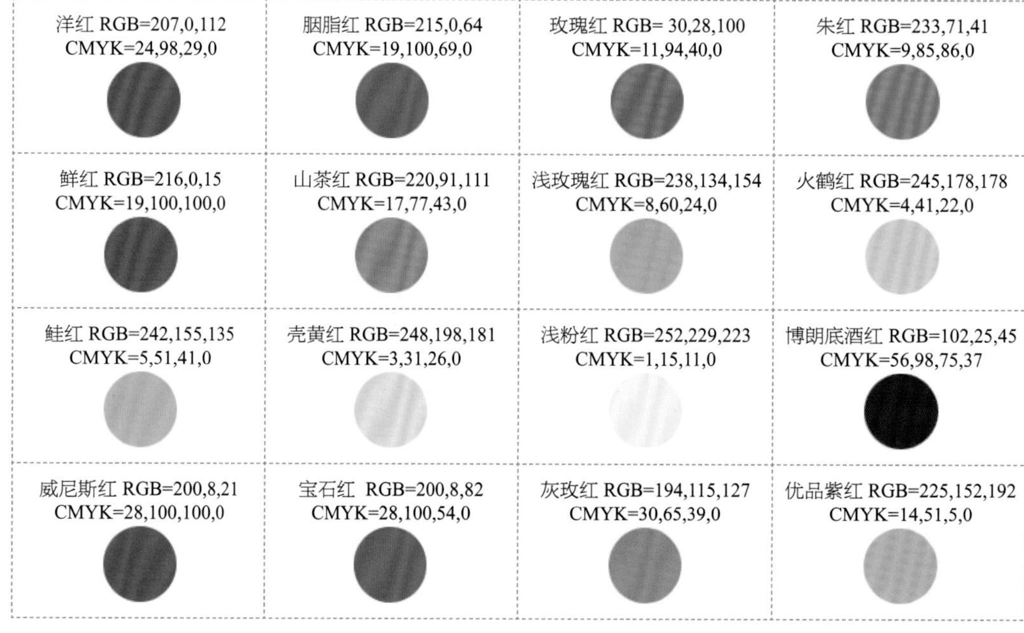

洋红 RGB=207,0,112 CMYK=24,98,29,0	胭脂红 RGB=215,0,64 CMYK=19,100,69,0	玫瑰红 RGB= 30,28,100 CMYK=11,94,40,0	朱红 RGB=233,71,41 CMYK=9,85,86,0
鲜红 RGB=216,0,15 CMYK=19,100,100,0	山茶红 RGB=220,91,111 CMYK=17,77,43,0	浅玫瑰红 RGB=238,134,154 CMYK=8,60,24,0	火鹤红 RGB=245,178,178 CMYK=4,41,22,0
鲑红 RGB=242,155,135 CMYK=5,51,41,0	壳黄红 RGB=248,198,181 CMYK=3,31,26,0	浅粉红 RGB=252,229,223 CMYK=1,15,11,0	博朗底酒红 RGB=102,25,45 CMYK=56,98,75,37
威尼斯红 RGB=200,8,21 CMYK=28,100,100,0	宝石红 RGB=200,8,82 CMYK=28,100,54,0	灰玫红 RGB=194,115,127 CMYK=30,65,39,0	优品紫红 RGB=225,152,192 CMYK=14,51,5,0

3.1.2 洋红 & 胭脂红

1. 洋红色是非常女性化的颜色，象征着妖娆、柔美。
2. 通过观察网页中的人物与色彩，不难发现这是一个以女性为主题的网页设计。
3. 画面中层次分明的曲线线条，为网页增添了韵律。

1. 胭脂水粉自古以来为女人所用，所以从这个名字就可以看出，胭脂红同样是代表女性的颜色。
2. 该网站为单色调配色，通过不同的红色，增加画面中的层次关系。
3. 在这样颜色较为单纯的配色中，白色提亮了画面中的明度，还能保证画面丰富、不沉闷。

3.1.3 玫瑰红 & 朱红

1. 玫瑰红比洋红色中的红色的含量多，所以玫瑰红更加柔美、饱满。
2. 在该网页中，以商品的颜色作为主色调，整个画面十分和谐。
3. 玫瑰红表达了时尚、前卫的一面，在现代设计中十分常见。

1. 朱红色是介于鲜红与橘红之间的颜色，朱红给人一种热烈而又含蓄的视觉感受。
2. 在该网页中，以朱红色作为背景，整个页面传递一种活泼、欢乐的感觉。

3.1.4 鲜红 & 山茶红

❶ 鲜红色又称正红色，是纯度最高的红色。通常会表现出热烈、亢奋的感觉。

❷ 在该网页中要突出“辣”这个主题，所以选择了鲜红色作为主色调。

❸ 黄色是红色的对比色，黄色作为点缀色，让画面效果更加强烈。

❶ 山茶红颜色纯度较低，给人一种柔美、亲切的感觉。

❷ 网页中以山茶红作为主色调，主要是与商品的口味相互呼应。

3.1.5 浅玫瑰红 & 火鹤红

❶ 浅玫瑰红颜色纯度较低，给人一种温暖、浪漫的视觉感受。

❷ 本案例是可爱风格的网页设计，采用了浅玫瑰红，更能突出网页的风格。

❸ 网页中的主色及辅助色都是采用了商品的色调，整个画面色调和谐、统一。

❶ 火鹤红颜色明度较高，纯度较低，所以给人一种柔和甜美的感觉。

❷ 在该网页中，采用了渐变颜色作为背景，能够给画面增加空间感。

3.1.6 鲑红 & 壳黄红

❶ 鲑红色与粉色的差别很大，它没有粉色俏皮、可爱，反而多了几分厚实、亲切的质感。

❷ 网页为食品主题的网站设计，以鲑红色作为主色调，让浏览者产生一种香甜、可口的感觉。

❶ 壳黄红与鲑红颜色十分相近，只是明度上较鲑红色高一些，在颜色感觉上更加柔和一些。

❷ 本案例以壳黄红作为背景颜色，整个画面流露着软糯香甜的感觉。

3.1.7 浅粉红 & 博朗底酒红

❶ 浅粉红是可爱的代名词，这种颜色温婉、柔软，象征着甜蜜和爱情。

❷ 网页中以柔美的浅粉色作为主色调，与商品的颜色相互呼应。

❸ 画面中商品占据了主要版面，可以起到促销的作用。

❶ 博朗底酒红是介于大红和洋红之间的颜色，该颜色比以上颜色更加浓郁，具有强烈的感染力。

❷ 网页中曲线的背景似行云流水，为画面增加了动感。

3.1.8 威尼斯红 & 宝石红

❶ 威尼斯红较鲜红色暗一些，本身带有稳定、经典、持久的特性。

❷ 以威尼斯红为主色调，沉稳的红色象征着丰收和希望。

❸ 画面中以绿色的玉米地作为背景，红色和绿色为对比色，给人视觉冲击力。

❶ 宝石红倾向于洋红色，但是比洋红色颜色暗一些，能够传递如同宝石一样耀眼、迷人的感觉。

❷ 在本例中，以白色为主要点缀色，整个画面干净利落。

3.1.9 灰玫红 & 优品紫红

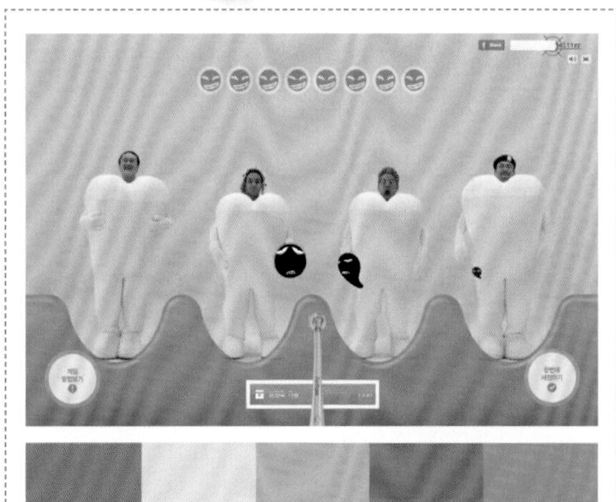

❶ 灰玫红没有粉红色的稚气和洋红的强势，却兼有两者的优点，是一种不可多得的粉色系色彩。

❷ 在该网页中，模拟口腔的颜色，单色调的配色方案营造了一种舒缓的视觉氛围。

❸ 画面风格风趣，作为网站的首页十分吸引浏览者。

❶ 优品紫红是介于紫色和红色的颜色，它既有红色的热情，又有紫色的神秘。

❷ 在该网页中，紧凑的布局条理清晰，主次分明。

❸ 儿童主题网站以该颜色作为主色调，颜色通过明度的不断变换，为画面添加了层次感。

3.2 橙

3.2.1 认识橙色

橙色是色彩中最温暖的颜色，它在空气中的穿透力仅次于红色。看到橙色，不禁让人联想到硕果累累的秋天，香甜的橙子，是一种充满活力的颜色。橙色还能够给人庄严、尊贵、神秘的感觉，所以在历史上，许多权贵和宗教界人士都用以妆点自己，现代社会中往往作为标志色和宣传色。

色彩情感：温暖、明亮、活力、兴奋、欢乐、健康、华丽、放松、辉煌、舒适、收获、陈旧、隐晦、反抗、偏激、境界、刺激、骄傲。

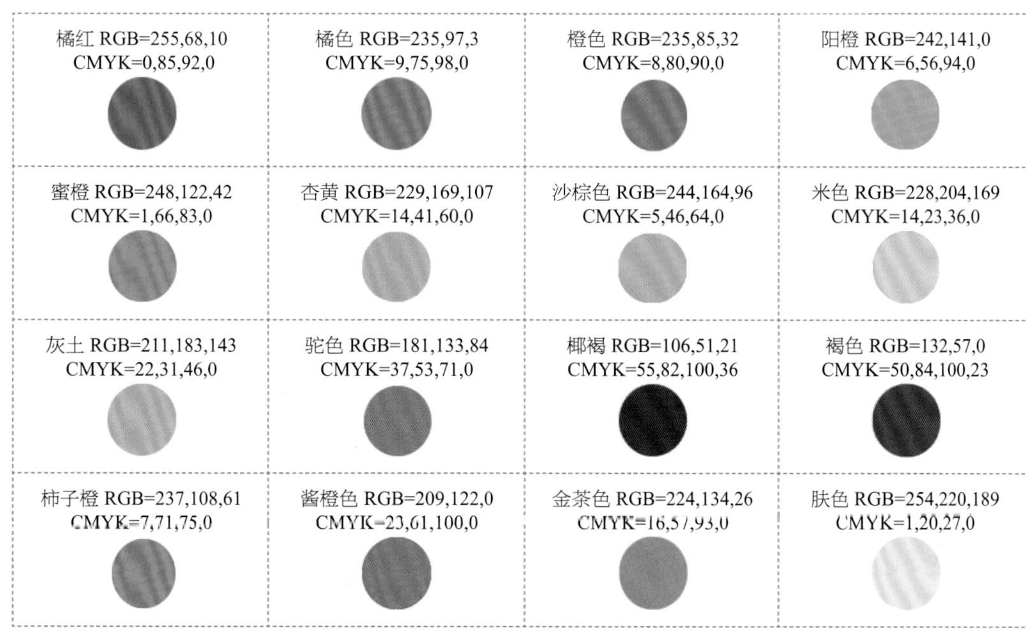

橘红 RGB=255,68,10 CMYK=0,85,92,0	橘色 RGB=235,97,3 CMYK=9,75,98,0	橙色 RGB=235,85,32 CMYK=8,80,90,0	阳橙 RGB=242,141,0 CMYK=6,56,94,0
蜜橙 RGB=248,122,42 CMYK=1,66,83,0	杏黄 RGB=229,169,107 CMYK=14,41,60,0	沙棕色 RGB=244,164,96 CMYK=5,46,64,0	米色 RGB=228,204,169 CMYK=14,23,36,0
灰土 RGB=211,183,143 CMYK=22,31,46,0	驼色 RGB=181,133,84 CMYK=37,53,71,0	椰褐 RGB=106,51,21 CMYK=55,82,100,36	褐色 RGB=132,57,0 CMYK=50,84,100,23
柿子橙 RGB=237,108,61 CMYK=7,71,75,0	酱橙色 RGB=209,122,0 CMYK=23,61,100,0	金茶色 RGB=224,134,26 CMYK=16,57,93,0	肤色 RGB=254,220,189 CMYK=1,20,27,0

3.2.2 橘红 & 橘色

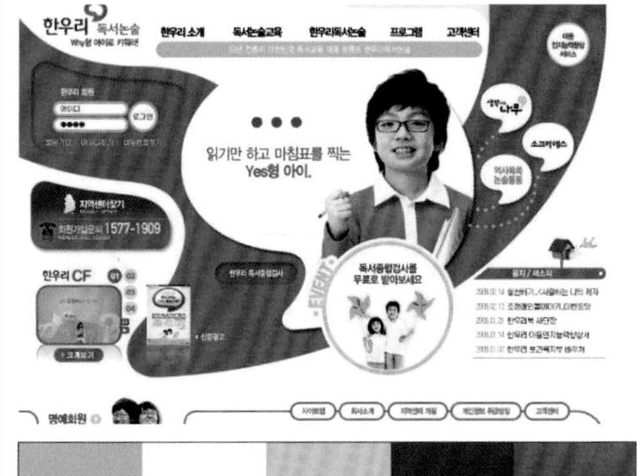

❶ 橘红色是黄色 + 红色，红色偏多一些，所以橘红色的视觉冲击力也很强。
❷ 橘红色能够给人一种新鲜、活力的感觉。
❸ 网页选择橘红色作为主色调，是为了与商品相互呼应。

❶ 橘色比橘红色中的红色少一些。橘色象征着年轻、开朗。
❷ 在网页中白色背景的映衬下，橘色显得非常鲜艳。
❸ 网页中曲线的模块既可以引导视线，又可以增加画面的趣味性。

3.2.3 橙色 & 阳橙

❶ 橙色代表时尚、青春、动感，有种让人活力四射的感觉。
❷ 在该网页中，橙色调的配色更加映衬了少女的活力。
❸ 网页能够向人传递健康、活力的感觉。

❶ 阳橙色是在橙色中添加了白色，给人一种浪漫、温暖的感觉。
❷ 网页选择青色为点缀色，目的是增加画面颜色的对比，增加视觉冲击力。
❸ 网页中的点缀色都为橙色调，这样保证了整个页面的色调统一。

3.2.4 蜜橙 & 杏黄

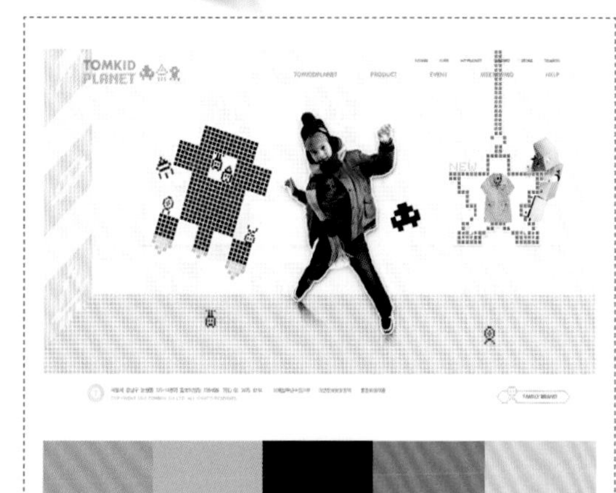

❶ 蜜橙色纯度低，明度高，带有欢乐、温暖的情感。
❷ 在该网页中，蜜橙色为辅助色。
❸ 儿童主题的网页设计中，采用蜜橙色为辅助色，给人一种活泼、健康的感觉。

❶ 杏黄色比蜜橙色的明度低一些，杏黄色给人一种柔和、知性的感觉。
❷ 该网页中，单色调的配色给人一种视觉统一之感。
❸ 这是一个网站的首页，利用简约时尚的布局方式，为浏览者留下深刻的印象。

3.2.5 沙棕 & 米色

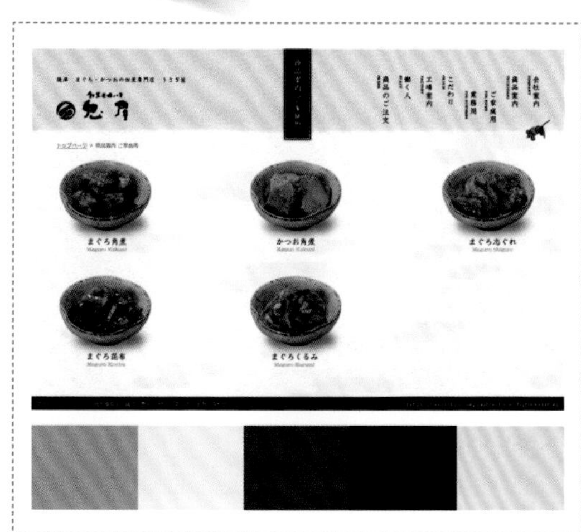

❶ 沙棕色是非常“日式”的颜色，给人一种柔和、淡雅的感觉。
❷ 沙棕搭配深酒红色为类似色的配色。
❸ 网页中的构图非常简洁，能够充分体现网页的主题。

❶ 米色颜色非常明亮，色彩感觉非常简朴、温馨。
❷ 网页为单色调的配色方案，整个画面优雅、干净。

3.2.6 灰土 & 驼色

1. 灰土色的色彩饱和度较低，给人一种宁静、舒服的视觉感受。
2. 黑色的导航栏能够让整个页面看起来更加沉稳、干练。
3. 网页中的手绘插画增加了画面中的艺术气息。

1. 驼色来源于苍茫的沙漠、坚韧的岩石。给人一种淡定、疏离的感觉。
2. 网页以地图作为背景，主要是配合商品的产地。
3. 网页中虚化的背景能够突出前景中的商品。

3.2.7 椰褐 & 褐色

1. 椰褐色明度较低，能够给人一种稳定、可靠的感觉。
2. 网页采用这样的色彩，主要是迎合商品的颜色。
3. 页面中渐变的色彩似乎在不断流动，让人能感受到商品丝滑、香浓的口感。

1. 褐色常常被联想到泥土、自然、简朴，它给人可靠、有益健康和保守的感觉。
2. 该网页为中明度的色彩基调，整体给人一种惬意、稳定的感觉。
3. 网页中上明下暗的颜色自然而然地将浏览者的视线向下引导。

3.2.8 柿子橙 & 酱橙色

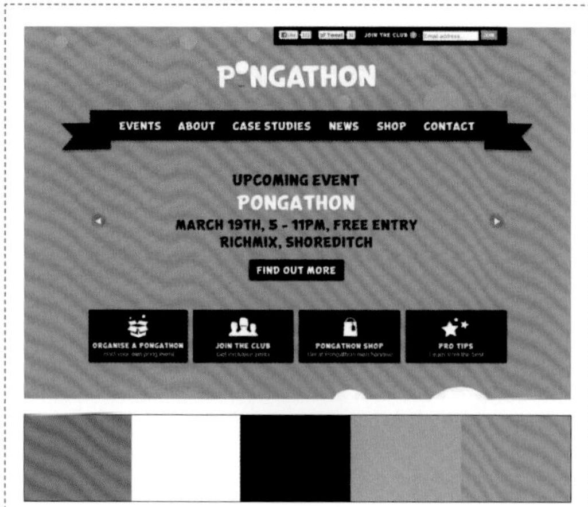

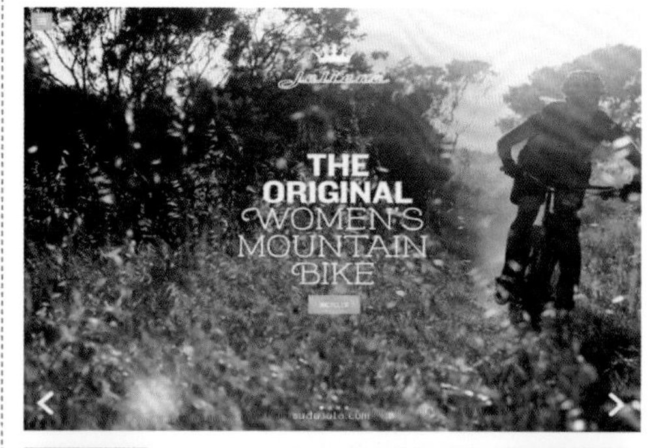

❶ 柿子橙的颜色来自于自然，给人一种香甜、可口的感觉。

❷ 该网页中，以黑色作为点缀色，能够突出画面的重点。

❸ 居中的版面布局，是常见的布局方式。这种布局方式工整、集中。

❶ 酱橙色与橙色相比显得低调，它同样温暖、亲切，但又不乏稳重的感觉。

❷ 网页中以大图为背景，给人一种舒展、大方的感觉。

❸ 酱橙色的色调给人一种秋天温暖、明媚的感觉。

3.2.9 金茶色 & 肤色

❶ 金茶色的明度没有橙色那样高，所以缺少了橙色张扬的气质。但是这种颜色也能够展示出健康、活泼的气质。

❷ 网页颜色较为单纯，选择的颜色较少，所以大面的金茶色给人一种健康、优越的感觉。

❶ 肤色又称为裸色，颜色本质非常的柔和、温暖。

❷ 本例为儿童主题的网页，选择肤色作为主色调，能够非常贴切地表现出网页柔软、安全的特性。

3.3 黄

3.3.1 认识黄色

黄色是三原色之一，属高明度色。黄色代表了太阳的光与热，也代表着朝气和希望。黄色还具有警告的作用，例如小学生的小黄帽、黄灯、警告牌等。当在黄色中添加黑色时，就变为黄褐色，能够给人一种中庸、儒雅的感觉，而在黄色中添加白色时，则变得轻快、柔软。

色彩情感：光明、明亮、轻快、光芒、纯正、公正、幸福、辉煌、权利、开朗、阳光、热闹、廉价、恶俗、软弱、吵闹、色情、轻薄。

黄 RGB=255,255,0 CMYK=10,0,83,0	铬黄 RGB=253,208,0 CMYK=6,23,89,0	金色 RGB=255,215,0 CMYK=5,19,88,0	香蕉黄 RGB=255,235,85 CMYK=6,8,72,0
鲜黄 RGB=255,234,0 CMYK=7,7,87,0	月光黄 RGB=155,244,99 CMYK=7,2,68,0	柠檬黄 RGB=240,255,0 CMYK=17,0,84,0	万寿菊黄 RGB=247,171,0 CMYK=5,42,92,0
香槟黄 RGB=255,248,177 CMYK=4,3,40,0	奶黄 RGB=255,234,180 CMYK=2,11,35,0	土著黄 RGB=186,168,52 CMYK=36,33,89,0	黄褐 RGB=196,143,0 CMYK=31,48,100,0
卡其黄 RGB=176,136,39 CMYK=40,50,96,0	含羞草黄 RGB=237,212,67 CMYK=14,18,79,0	芥末黄 RGB=214,197,96 CMYK=23,22,70,0	秋菊色 RGB=227,220,161 CMYK=16,12,44,0

3.3.2 黄 & 铬黄

❶ 黄色是非常温暖的颜色，有一种充满希望和活力的感觉。

❷ 网页中黄色与淡青色搭配，形成了较为欢快的对比效果。

❸ 网页中采用红色作为点缀色，它与黄色和青色同为对比色，这样的配色方法能够充分展现活泼、年轻的主题。

❶ 铬黄色中带有一点点红色，所以该颜色有几分俏皮感。

❷ 网页为食品主题，采用黄色调不仅能够与食物的颜色相互呼应，还能够促进浏览者的食欲。

❸ 网页以白色为辅助色，能够体现食品卫生的主旨。

3.3.3 金色 & 香蕉黄

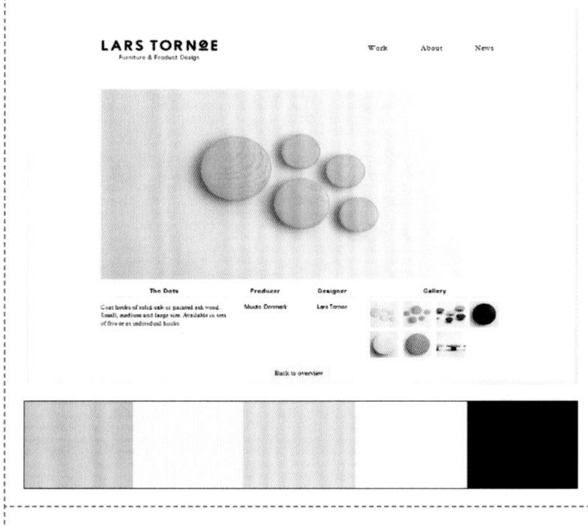

❶ 在古代，金色向来是皇权的象征，金色给人华丽、高贵的感觉。

❷ 网页中以金色搭配灰色，能够让商品十分抢眼。

❸ 金色是非常适合做点缀色的颜色。

❶ 香蕉黄中添加了少许的白色，所以黄色变得更加柔和。

❷ 在网页中，黄色正圆是画面的主体，它利用面积及颜色，使其变得非常抢眼。

❸ 画面中大小不一的圆形形成一条曲线，让视线流动起来。

3.3.4 鲜黄 & 月光黄

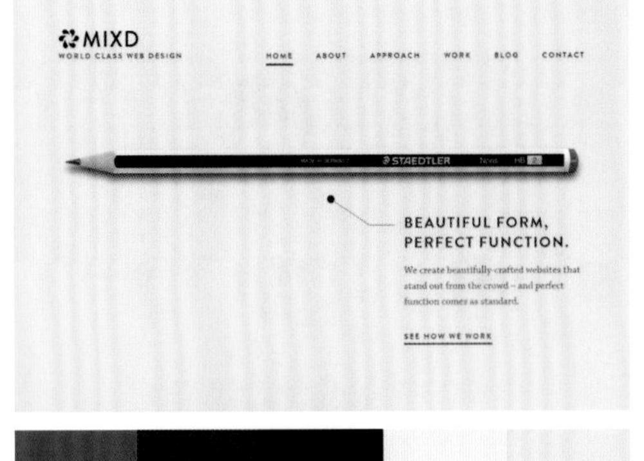

❶ 鲜黄色颜色纯度较高，是颜色非常艳丽的色彩。

❷ 在页面中，鲜黄色的商品在画面中非常抢眼。

❶ 月光黄属于高明度、低纯度的颜色，是一种绵软、柔善的颜色。

❷ 网页以黑色作为点缀色，利用明度的强弱对比，让画面更具视觉冲击力。

❸ 网页中，大面积的留白增加了画面的可视性。

3.3.5 柠檬黄 & 万寿菊黄

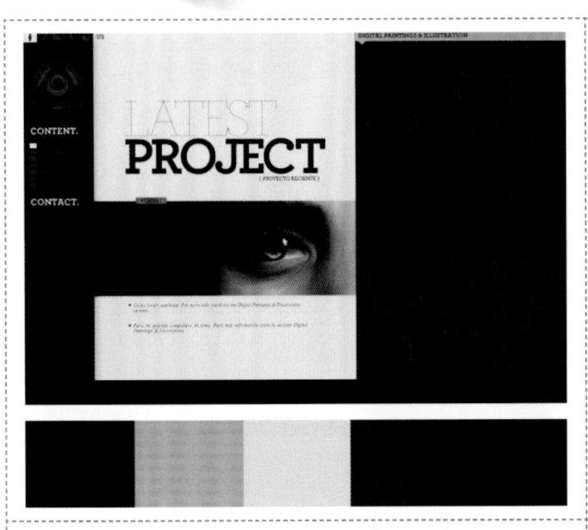

❶ 柠檬黄中带有一点绿色，所以非常鲜艳，视觉冲击力强。

❷ 在网页中，黑色与柠檬黄的对比效果十分强烈。

❸ 该网页模块分割清晰，简单明了。

❶ 万寿菊黄是来自自然的颜色，它非常温暖、干净，有着与生俱来的芳香之感。

❷ 网页中的插画为矢量风格，黄色调的配色使人产生愉悦之感。

❸ 在网页中，除了网页的插图，其余的按钮、导航等都非常简洁，这也说明网页能够化繁为简，主题明确。

3.3.6 香槟黄 & 奶黄

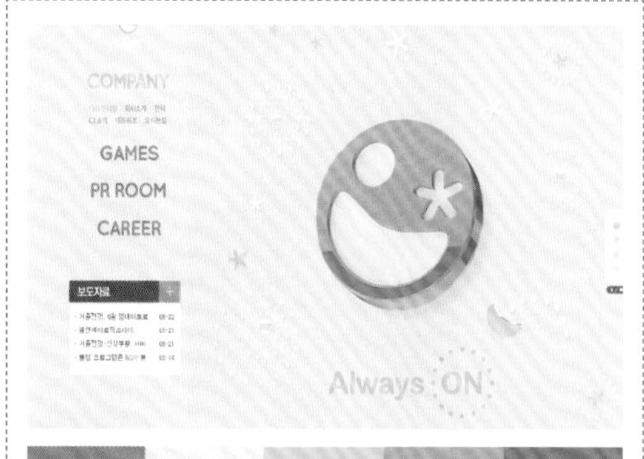

❶ 香槟黄颜色轻柔，有着香槟独有的芳香。

❷ 在该网页中，以香槟黄作为背景，并以橙色作为点缀，这样类似色的配色既保证了视觉的统一感，又不失颜色的变化。

❶ 一听到奶黄色这个名词，就不禁与香、甜、丝滑这样的词语联系到一起。

❷ 网页中柔和的色调，能够充分体现对小动物的怜爱。

❸ 画面中几点红色鲜明、大胆，使构图变得生机勃勃。

3.3.7 土著黄 & 黄褐

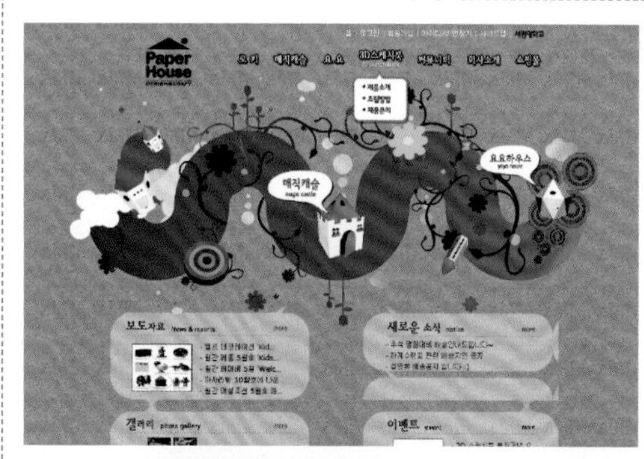

❶ 土著黄有着浓浓的“复古”韵味，象征着儒雅、中庸、刚正不阿。

❷ 土著黄色的背景为网页增添了成熟、稳重的视觉印象。

❸ 白色的导航栏及文字，可以用来提高网页的明度。

❶ 黄褐色为中明度、低纯度的颜色，有着中年人的沉稳、含蓄和平静。

❷ 在该网页中，添加了橘红色调的装饰，所以整个页面并不沉闷。

3.3.8 卡其黄 & 含羞草黄

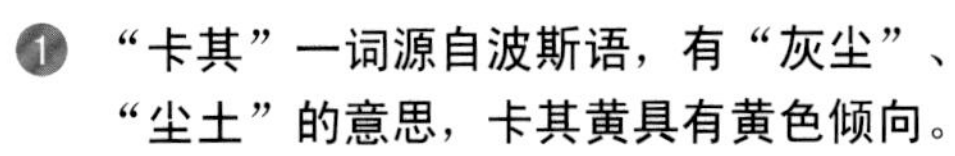

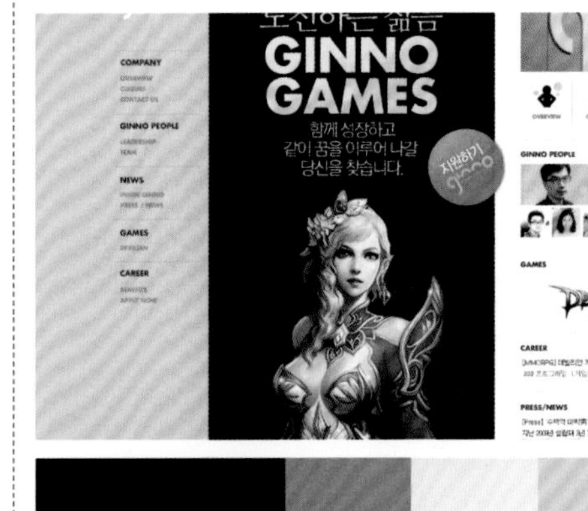

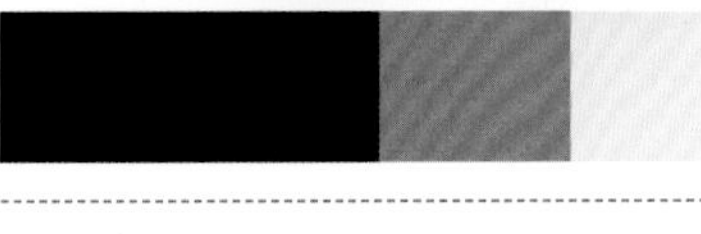

1. “卡其”一词源自波斯语，有“灰尘”、“尘土”的意思，卡其黄具有黄色倾向。
2. 在网页中由深至浅的颜色变化能够使人的视线集中到一点。
3. 食品网页设计以该色调作为主色调，能够突出食品的品质。

1. 含羞草黄是一种明亮的黄色，具有一种欢乐、俏皮的感觉。
2. 在网页中，含羞草黄是辅助色，它与黑色形成了强烈的明暗对比。
3. 黄色为前进色，所以在整个画面中显得非常突出。

3.3.9 芥末黄 & 秋菊色

1. 芥末黄中带有一点点绿色，为暖色调。该颜色微微地偏灰色调，所以视觉效果非常柔和。
2. 该网页以芥末黄作为背景，并且没有十分强烈的配色，所以整个画面的视觉效果非常柔和。

1. 秋菊色是一种高明度色彩，所表现出来的视觉效果是明快、简捷、温和、素雅。
2. 秋菊色的视觉效果较轻，所以该网页也传达了这种轻柔的视觉感受。
3. 这种去繁就简的网页设计，是现代设计师非常推崇的。

3.4 绿

3.4.1 认识绿色

绿色是非常清新、自然的颜色，它来自于自然界。看见绿色，总是能够让人们想到生机勃勃的春天、清新宁静的森林、健康的蔬果。

从心理上讲，绿色会让人心态平和，给人松弛、放松的感觉。在绿色中添加些黄色，颜色变得鲜嫩，就像新抽芽的柳枝；在绿色中添加蓝色，颜色则变得清秀、豁达。

色彩情感：和平、宁静、轻松、自然、环保、生命、成长、生机、希望、青春、清秀、豁达、健康、清淡、明媚、鲜活、土气、庸俗、愚钝、沉闷。

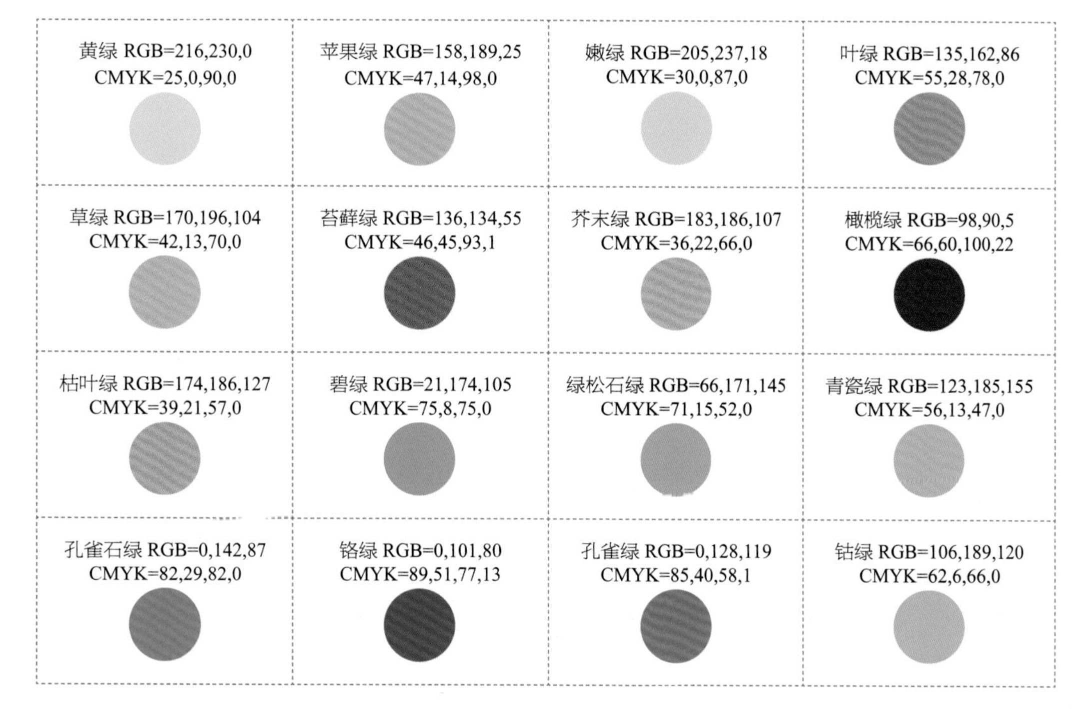

黄绿 RGB=216,230,0 CMYK=25,0,90,0	苹果绿 RGB=158,189,25 CMYK=47,14,98,0	嫩绿 RGB=205,237,18 CMYK=30,0,87,0	叶绿 RGB=135,162,86 CMYK=55,28,78,0
草绿 RGB=170,196,104 CMYK=42,13,70,0	苔藓绿 RGB=136,134,55 CMYK=46,45,93,1	芥末绿 RGB=183,186,107 CMYK=36,22,66,0	橄榄绿 RGB=98,90,5 CMYK=66,60,100,22
枯叶绿 RGB=174,186,127 CMYK=39,21,57,0	碧绿 RGB=21,174,105 CMYK=75,8,75,0	绿松石绿 RGB=66,171,145 CMYK=71,15,52,0	青瓷绿 RGB=123,185,155 CMYK=56,13,47,0
孔雀石绿 RGB=0,142,87 CMYK=82,29,82,0	铬绿 RGB=0,101,80 CMYK=89,51,77,13	孔雀绿 RGB=0,128,119 CMYK=85,40,58,1	钴绿 RGB=106,189,120 CMYK=62,6,66,0

3.4.2 黄绿 & 苹果绿

① 黄绿色性情温和，是春天的颜色，代表着无限的生机和希望。
② 网页中咖啡色与黄绿色搭配，这种在颜色上明与暗、浊与清的对比，形成了颜色碰撞的火花。
③ 在网页中，图案和文字的搭配和有效的穿插，能使页面除了信息传达外，更具层次感和观赏性。

① 苹果绿是非常清甜的颜色，能够让人联想到青苹果甜中带酸的口感。
② 在网页中，图片形成节奏上虚实和疏密的对比，使得整个画面既有曲线带来的张力和动感，又不乏整体的稳固和均衡。
③ 网页以大图为主体，非常直观、明确。

3.4.3 嫩绿 & 叶绿

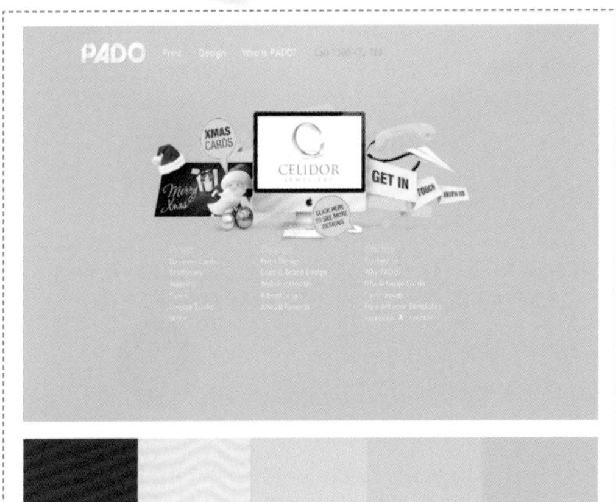

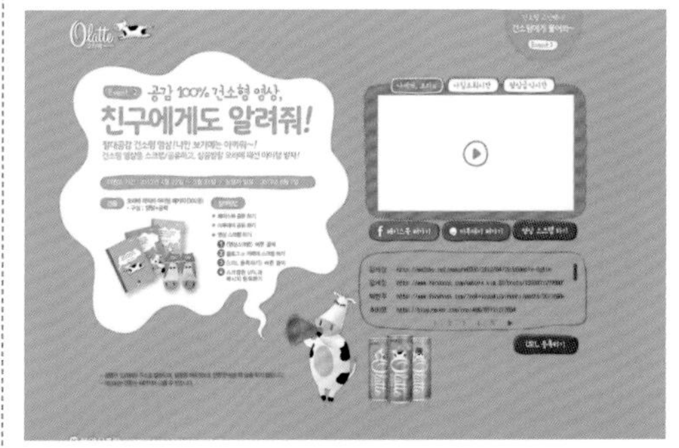

① 嫩绿色是一种非常清新、自然的颜色，它来自春天，来自自然。
② 网页中的颜色单纯，单色调的配色方案韵律平缓。
③ 网页中，背景颜色有轻微的变化，不会使画面显得枯燥、单调。

① 叶绿色是夏天的颜色，颜色鲜亮中透着几分深沉。
② 网页中分为左右两处，左侧为网页的重要信息，右侧为播放器，这样的布局使得整个页面既有亮点又不失简洁。

3.4.4 草绿 & 苔藓绿

❶ 草绿色清新亮丽，可以使人产生心情愉悦的视觉感受，具有较强的视觉冲击力。

❷ 在该网页中，圆角矩形和圆形的穿插结合，色彩填充的图形交集，既能展示重要信息，又勾勒出整个网站的风格形态。

❸ 作为与健康相关的网页，选择草绿色作为主色调，非常切合主题。

❶ 苔藓绿颜色明度较低，所以略带深沉、忧郁的感觉。

❷ 该网页中，苔藓绿只作为点缀色，在这样干净、简洁的网页中，显得非常低调。

❸ 网页布局紧凑，张弛有度，文字和图案的结合使得条理非常清晰。

3.4.5 芥末绿 & 橄榄绿

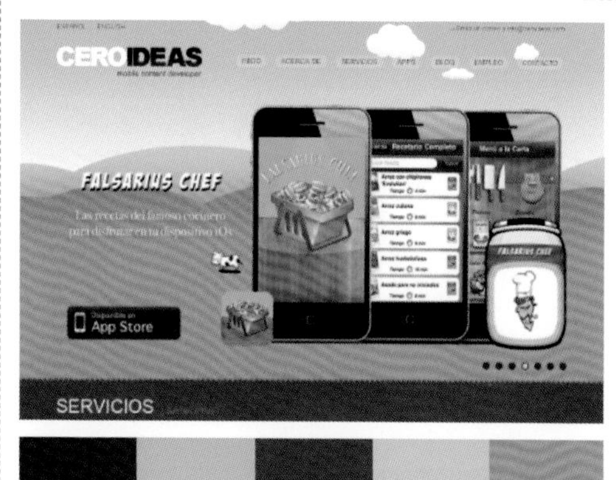

❶ 芥末绿颜色纯度较低，而且色调偏灰，所以给人一种平缓、温柔的感觉。

❷ 网页中是统一的绿色，通过颜色的变化增加画面的层次感。

❸ 网页中飞动的元素也为画面添加了动感。

❶ 橄榄绿颜色明度较低，此在颜色在低调中有几分骄傲。

❷ 在该网页中，通过不同的颜色来划分网页区域，整个页面层次分明。

❸ 该网页采用单色调的配色，在视觉上营造出平衡之感。

3.4.6 枯叶绿 & 碧绿

❶ 顾名思义，枯叶绿的颜色源于秋天枯萎的绿叶，是一种中性色，视觉感受非常舒缓、平稳，其中不乏黯淡、消沉之感。

❷ 该网页呈现柔和的灰色调，而且在网页中有枯叶绿作为主导色，整个页面显得非常淡雅。

❸ 该网页上方为图案，下方为细节，这样的网页布局虽然保守，但是非常实用。

❶ 碧绿色是绿色中带有青色，所以碧绿色不仅有绿色的自然清新，又不乏俏皮、活泼的感觉。

❷ 网页中，碧绿色为背景颜色，用大面积的颜色抢占先机。

3.4.7 绿松石绿 & 青瓷绿

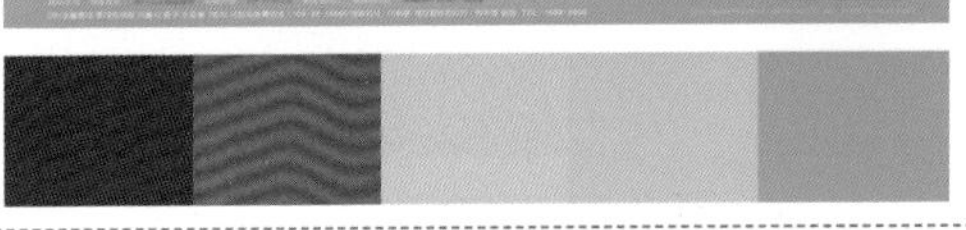

❶ 绿松石绿是来自宝石的颜色，这种颜色能够让人联想到精美的宝石、热带平静的水域，是令人激动的、明亮的颜色。

❷ 在该网页中，三角形的构图方式不仅构图稳定，视觉上的感官延续让页面脉络清晰、不脱节，且富有节奏感。

❶ 青瓷绿的色彩纯度低，颜色呈灰色调，它有着洗尽铅华、古朴典雅的气质。

❷ 网页构图非常简单，内容都集中在模块中，而网页标志破框而出，就变得格外突出。

3.4.8 孔雀石绿 & 铬绿

❶ 孔雀石绿颜色鲜艳、热烈、饱满，是使人兴奋的颜色。

❷ 在该网页中，孔雀石绿只作为点缀色，它与背景形成强烈的对比。

❸ 网页内容丰富，利用颜色区分信息的主次。这样的方式既能展示重要信息，又勾勒出整个网站的风格形态。

❶ 铬绿色颜色较暗，明度较低，所以给人一种深沉、浑厚的感觉。

❷ 网页属于单色调的配色方案，整个画面颜色统一，又不失变化。

3.4.9 孔雀绿 & 钴绿

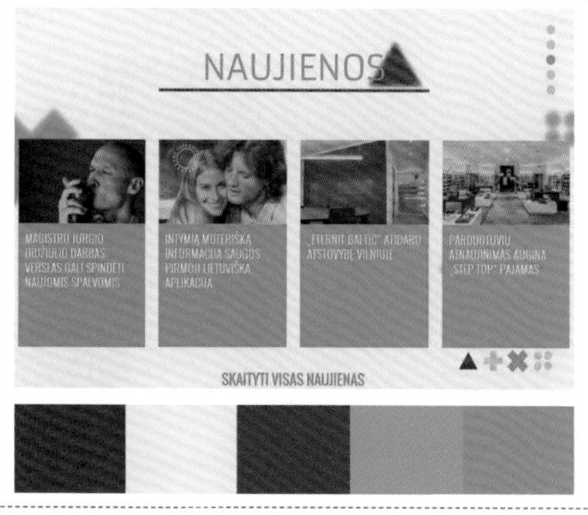

❶ 孔雀绿的颜色来自孔雀的羽毛，这种颜色华丽、冷艳，透着神秘感。

❷ 该网页将模块整齐划分，条理清晰，让人过目难忘。

❸ 该网页以灰色搭配孔雀绿，颜色明暗、纯度的对比较弱，这样的颜色搭配给人一种冷静、睿智的视觉感受。

❶ 钴绿色颜色明度相对较高，当这种颜色面积较大时，使人心里安静、恬静，当颜色面积较小时，则非常活泼、年轻态。

❷ 该网页背景部分颜色轻柔，在前景中钴绿色非常跳跃，能够让前景非常突出。

❸ 前景中圆形的模块饱满、圆润，富有张力。

3.5 青

3.5.1 认识青色

青色是介于绿色和蓝色之间的颜色，是天空和大海的颜色。在中国古代社会中，青色具有极其重要的意义，传统的器物和服饰常常采用青色。当在青色中添加白色时，颜色变得清凉、欢快；当在青色中添加黑色时，暗色变得深沉、冷静。

色彩情感：清脆、伶俐、欢快、劲爽、淡雅、安静、沉稳、踏实、内涵、广阔、童真、亲切、乐观、柔和、磊落、深邃、科技、阴险、消极、沉静、冰冷、沉闷、华而不实。

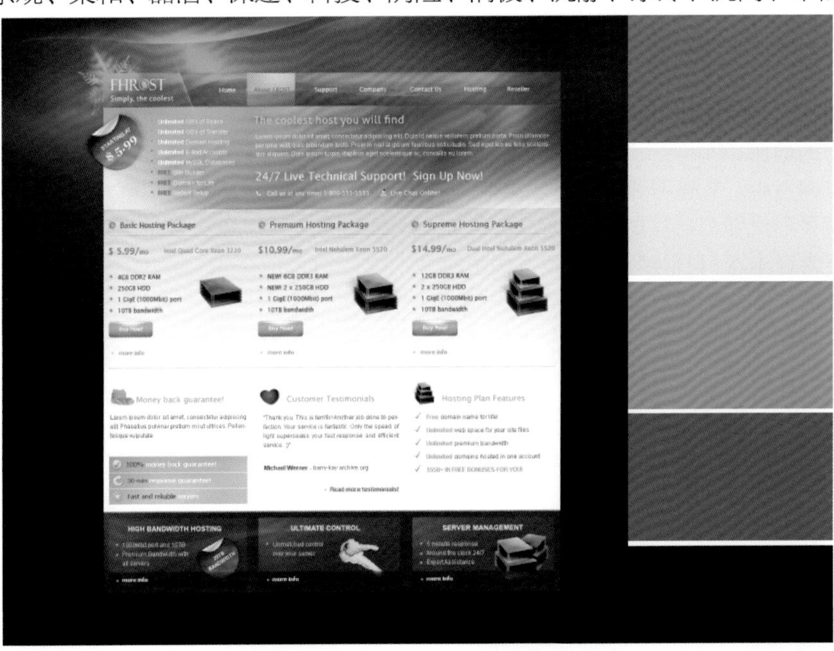

青色 RGB=0,255,255 CMYK=55,0,18,0	铁青色 RGB=82,64,105 CMYK=89,83,44,8	深青色 RGB=0,78,120 CMYK=96,74,40,3	天青色 RGB=135,196,237 CMYK=50,13,3,0
群青色 RGB=0,61,153 CMYK=99,84,10,0	石青色 RGB=0,121,186 CMYK=84,48,11,0	青绿色 RGB=0,255,192 CMYK=58,0,44,0	青蓝色 RGB=40,131,176 CMYK=80,42,22,0
瓷青色 RGB=175,224,224 CMYK=37,1,17,0	淡青色 RGB=225,255,255 CMYK=14,0,5,0	白青色 RGB=228,244,245 CMYK=14,1,6,0	青灰色 RGB=116,149,166 CMYK=61,36,30,0
水青色 RGB=88,195,224 CMYK=62,7,15,0	藏青色 RGB=0,25,84 CMYK=100,100,59,22	清漾青色 RGB=55,105,86 CMYK=81,52,72,10	浅葱色 RGB=210,239,232 CMYK=22,0,13,0

3.5.2 青 & 铁青

❶ 青色颜色干净，纯度比较高，所以容易吸引眼球。

❷ 这是一个医疗主题的网页设计，青色的背景搭配上白色，整个画面干净、清爽，给人一种值得信赖的感觉。

❸ 在页面中，人物手指的指向是网页的重要信息，在视觉上起引导的作用。

❶ 铁青色属于低明度的色彩基调，是一种冷静、深沉的青色。

❷ 该网站为家居主题的网页设计，选择铁青色作为主色调，并不会显得沉闷，而是显示出了正式场合应有的严肃。

❸ 网页中图案的面积较大，所以更容易吸引人的注意力。

3.5.3 深青 & 天青

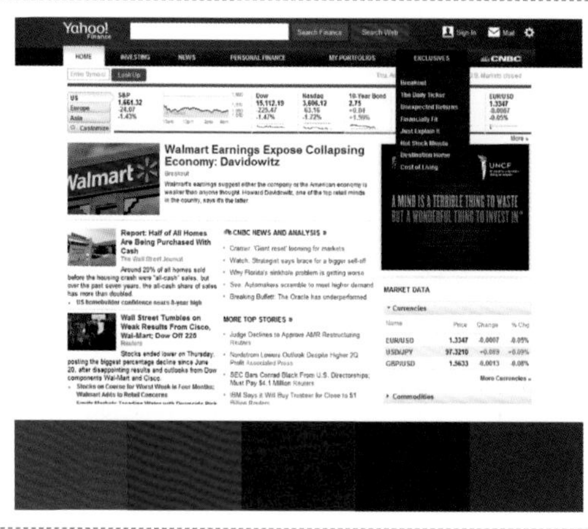

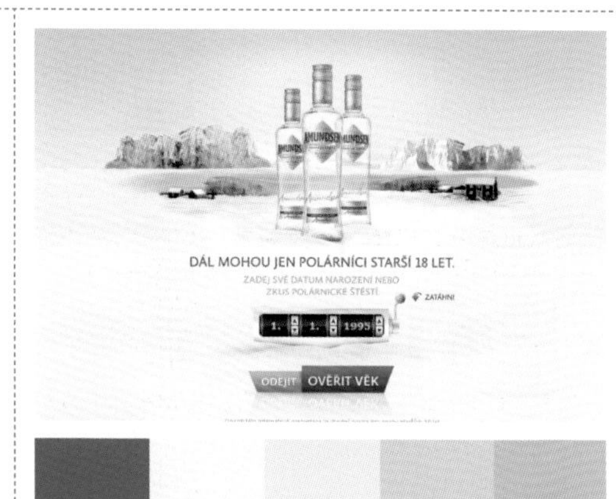

❶ 深青色颜色比较暗，大面积使用会显得沉闷，所以在该网页中以白色为主色调，只是用了深青色作为辅助色。

❷ 该网页属于门户网站，深青色能够让整个网页看起来更加严肃、庄重。

❸ 在这个网页中，文字信息较多，所以没有较多的装饰，在排版上比较整齐。

❶ 天青色是天空的颜色，让人联想到万里无云的晴空，是让人心情愉快的颜色。

❷ 在该网页中，以天青色为主色调，整个画面给人一种冰爽、清凉、纯净的感觉。

❸ 该网页采用中轴型的布局方式，在网页中将图片和文字以垂直方向排列，给人稳定、平静、含蓄的感觉。

3.5.4 群青 & 石青

1. 群青色颜色更加偏向蓝色，该颜色比较鲜艳，视觉感受上比较诚恳、真诚。
2. 在该网页中，以天空作为背景，给人以空间上的延伸感。
3. 画面以群青色为主色调，在点缀色的选择上比较丰富，画面生动有趣。

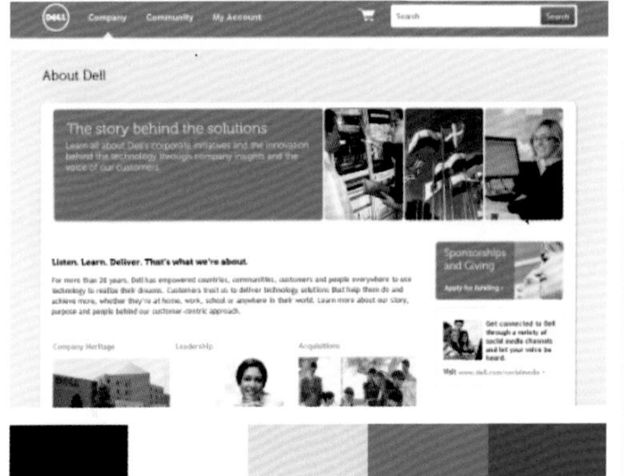

1. 这是一个以科技为主题的网页设计，以石青色作为主色调，首先营造了一种冷静、严肃的气氛，然后搭配白色和少量的灰色，使页面干净、整洁。
2. 该网页的布局方式较为简约，规划整齐，方便浏览者使用。

3.5.5 青绿 & 青蓝

1. 青绿色中绿色的含量多一些，所以颜色在感觉上没有那么清爽，反倒是给人一种清新、灵活、生动的视觉感受。
2. 该网页属于“标题正文型”的布局方式，在网页的上方有重要的网页信息，而且此处以青绿色作为背景颜色，能够很好地突出主体。

1. 青蓝色的颜色纯度不高，稍微有些偏灰，所以带有一丝忧郁之感。
2. 在该网页中，以青蓝色为主色，并以其他青色作为辅助主色，根据色块的明暗变化为画面添加颜色所带来的动感。
3. 这是网站的首页，这样新颖、活泼的表现方式，更容易吸引用户的注意。

3.5.6 瓷青 & 淡青

❶ 瓷青色晶莹纯净，像瓷器一样透着婉约、冰凉的感觉。

❷ 在网页中采用橙色及黄色作为点缀色，它与瓷青色为对比色，由于点缀色的面积较小，所以画面中既有对比，又不显得杂乱。

❶ 淡青色颜色明度很高，该颜色干净、清洁，没有一点杂质。

❷ 在这个网页中，以淡青色为主色调，整个页面清新、可爱，作为一个针对年轻女性的网页，这样的色调还是非常得体的。

❸ 网页为“标题型”布局方式，以商品为整个页面的主体，可以起到促销的作用。

3.5.7 白青 & 青灰

❶ 白青色与淡青色颜色相近，但白青色中的白色更多一些，它有点偏灰。这样的颜色清新之余透着柔和。

❷ 该网页以白青色为主色调，而网页中的图像大多都是蔬菜，通过这两种元素向人们传递健康、绿色的主题。

❶ 青灰色中，灰色的色彩倾向十分明显，颜色为中明度，颜色纯度也较低，所以给人一种朴素、禅意的视觉感受。

❷ 该网页设计较为独特，它将画面一分为二，当用户打开网页后，先注意到的是中轴线以及上方的文字，然后才会欣赏左侧的图案，接着由图案将视线引导向右侧的商品及文字说明，这样的布局方式新颖独特，打破了常规。

3.5.8 水青 & 藏青

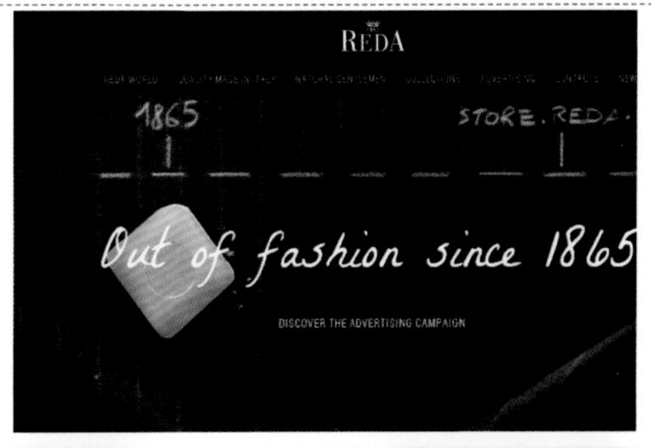

1. 水青色冰凉、明净，能够让人联想到幽谷中的一汪清泉，背景为梦幻冰川世界。
2. 该网页为单色调的配色方案，同颜色由深到浅的变化为画面营造空间感。而且以冰为图案，为画面营造了冰凉、唯美、神秘的氛围。
3. 画面中跳跃的舞者正是朝着文字的方向，她一方面为画面营造动感，另一方面可以将人们的视线向文字方向引导，可以一举两得。

1. 藏青是生活中常见的颜色，其颜色明度较低，是代表男士的颜色。它通常象征着理智、勇敢、坚强。
2. 该网页以大图为主，并添加了有说服力的标题，让人记忆深刻。
3. 深色调在网页设计中应用范围较小，所以只要运用得当，深色调更容易吸引、打动广大浏览者。不仅如此，深色调更能给人一种品质、奢华、低调的视觉感受。

3.5.9 清漾青 & 浅葱色

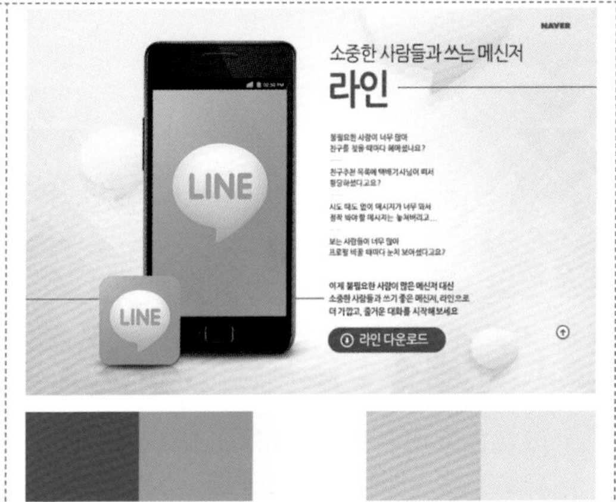

1. 清漾青的色彩感觉更倾向于绿色，是一种孤傲、超然的颜色，也是很有民族色彩的颜色。
2. 在该网页中，清漾青在白色背景的映衬下显得与众不同。它让人觉得这个颜色不应该属于食物包装的颜色，就是这种“不应该”，又让人觉得非常独特，使人过目难忘。

1. 浅葱色是非常有灵气的颜色，淡淡的颜色中透着些许的青色，也透着一丝绿色，是让人看着舒服且带着神秘感的颜色。
2. 在该页面中，背景颜色柔和且富有变化，既美观，又不会抢夺前景的风头。
3. 画面中图文结合，既充分展示了商品，又对商品进行了详尽解说，二者配合默契。

3.6 蓝

3.6.1 认识蓝色

蓝色是冷色调，是男性的代表颜色。蓝色通常让人联想到海洋、天空、水、宇宙、冰川。高纯度的蓝色给人鲜活、理智、广阔、魅力的视觉感受。当在蓝色中添加了白色后，会给人阳光、自由的感觉，白色的含量越多，颜色会变得越来越轻柔，越来越可爱、活泼。当在蓝色中添加黑色后，颜色会变得越来越浑浊，感觉越来越稳重、沉着。在网页设计中，强调科技、效率的商品或企业形象，大多选用蓝色。

色彩情感：纯净、美丽、冷静、理智、平静、安详、广阔、沉稳、商务、忧郁、哀伤、深沉、稳定、镇静、文雅、勇气、坚毅、保守、无情、寂寞、阴森、严格、古板、冷酷。

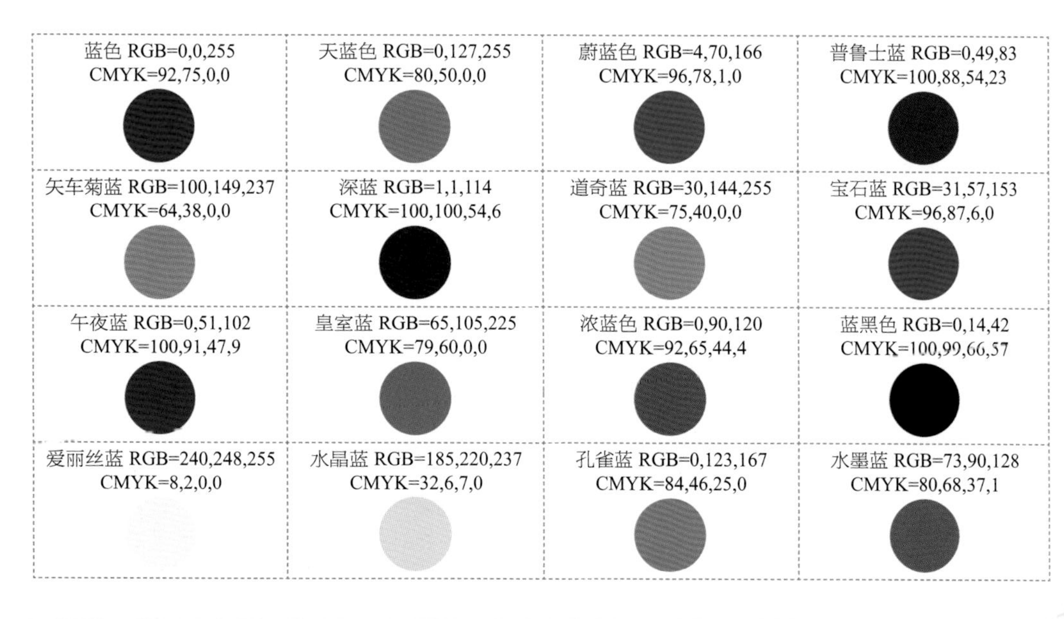

蓝色 RGB=0,0,255 CMYK=92,75,0,0	天蓝色 RGB=0,127,255 CMYK=80,50,0,0	蔚蓝色 RGB=4,70,166 CMYK=96,78,1,0	普鲁士蓝 RGB=0,49,83 CMYK=100,88,54,23
矢车菊蓝 RGB=100,149,237 CMYK=64,38,0,0	深蓝 RGB=1,1,114 CMYK=100,100,54,6	道奇蓝 RGB=30,144,255 CMYK=75,40,0,0	宝石蓝 RGB=31,57,153 CMYK=96,87,6,0
午夜蓝 RGB=0,51,102 CMYK=100,91,47,9	皇室蓝 RGB=65,105,225 CMYK=79,60,0,0	浓蓝色 RGB=0,90,120 CMYK=92,65,44,4	蓝黑色 RGB=0,14,42 CMYK=100,99,66,57
爱丽丝蓝 RGB=240,248,255 CMYK=8,2,0,0	水晶蓝 RGB=185,220,237 CMYK=32,6,7,0	孔雀蓝 RGB=0,123,167 CMYK=84,46,25,0	水墨蓝 RGB=73,90,128 CMYK=80,68,37,1

3.6.2 蓝色 & 天蓝色

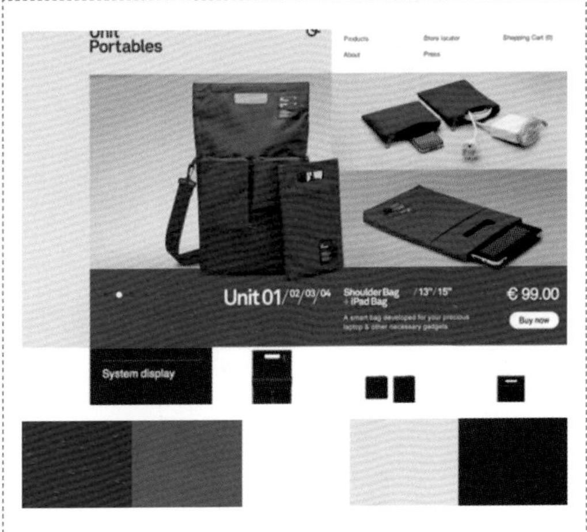

❶ 高纯度的蓝色颜色鲜艳，给人时尚、摩登的感觉。
❷ 在该网页中，蓝色与背景颜色形成鲜明的对比，从而使主体突出。
❸ 在该网页中，画面被整齐划分，简洁而有序。

❶ 天蓝色是天空的颜色，是我们生活中常见的颜色。天蓝色通常给人豁达、开阔的感觉。
❷ 该网页改用对比色的配色，以天蓝色作为主色调，搭配少许红色，形成了鲜明的对比。

3.6.3 蔚蓝色 & 普鲁士蓝

❶ 蔚蓝色空灵、澄澈、明净、高远。
❷ 该网页是商品促销网页，以大面积的网页广告为视觉中心，可以起到吸引消费者注意的目的。
❸ 网页中蔚蓝色搭配上白色，使整个页面干净、清爽。

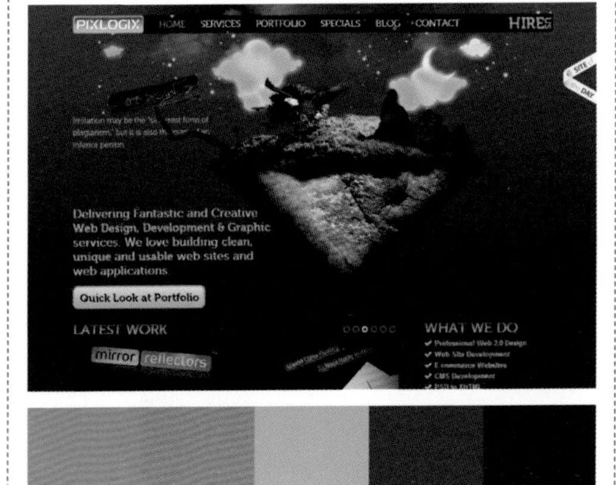

❶ 普鲁士蓝为暗色调，颜色深沉、内敛。
❷ 在这个网页中，有精细的网页布局，强烈而现代的图形和有趣的背景，共同构成了视觉焦点。

3.6.4 矢车菊蓝 & 深蓝

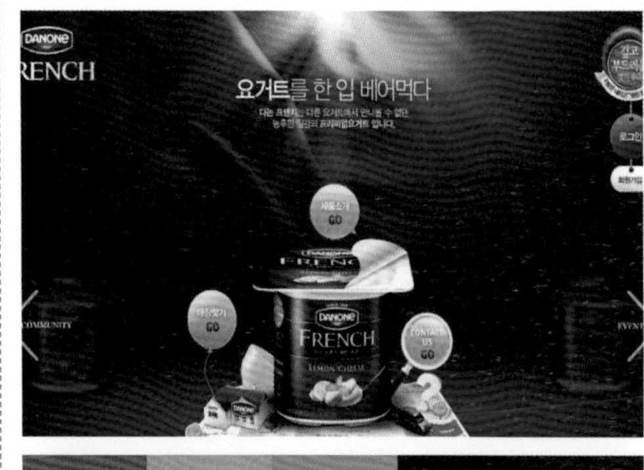

❶ 矢车菊蓝拥有一种朦胧的蓝色，给人以天鹅绒般的独特质感。
❷ 该网页为灰色调的配色，淡灰色的背景搭配矢车菊蓝，整个画面营造了一种舒缓、低调的气氛。
❸ 该网页采用“国”字型的布局方式，整个网页规范、条理清晰。

❶ 深蓝是十分美丽的颜色，它神秘而深邃，有着贵族般的华丽。
❷ 网页以商品包装作为主色调，这样的设计一方面是追求画面颜色的统一，另一方面能够让受众看到深蓝色就想到该商品。
❸ 这个网页是“标题正文型”的布局方式，商品位于画面的中心，起到了介绍商品的作用。

3.6.5 道奇蓝 & 宝石蓝

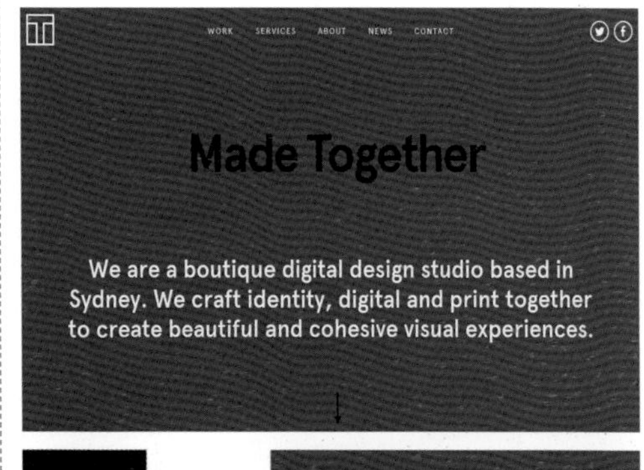

❶ 道奇蓝颜色美丽、文静、理智、洁净。
❷ 在该网页中，大面积的留白看似牺牲了很多屏幕空间，实则是将焦点汇聚在内容信息上。

❶ 宝石蓝是很耀眼的颜色，它色泽纯透鲜艳、典雅高贵。
❷ 在这个网页中，白色的文字与背景形成对比，拉开了与背景的距离，使文字变得突出。
❸ 该网页属于简约型的设计方式，成段的白色文字变得非常引人注目。

3.6.6 午夜蓝 & 皇室蓝

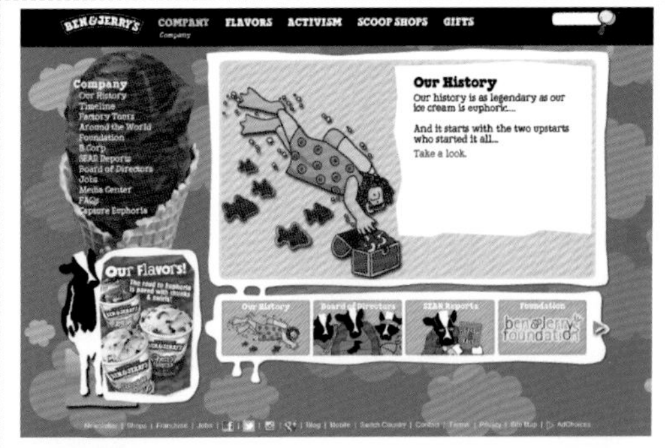

1. 午夜蓝的颜色像深夜的天空，带有神秘、诡异的感觉。
2. 这是一个网站的首页，页面以半透明的大图作为背景，给人一种开阔、舒展、延伸的视觉感受。
3. 该网页为单色配色，由午夜蓝延伸到更浅的蓝色，这样颜色的变化能够让人的视线向画面中心聚集。

1. 皇室蓝被广泛地使用于欧洲王室的徽纹、防御性武器或服装上，因此而得名。
2. 该网页是食物主题的网页设计，以皇室蓝作为背景，主要是为了打造一种甜美的少女风格。
3. 网页的导航栏为黑色，这样的设计主要是为了让用户不被令人眼花缭乱的内容所迷惑。

3.6.7 浓蓝色 & 蓝黑色

1. 浓蓝色颜色较深，该颜色象征着深邃、安稳。
2. 该网页以浓蓝色作为海底的色调，深邃的颜色渲染了海底的氛围。
3. 在这个页面中，暗角的处理、颜色的变化让画面产生了空间延伸的效果。

1. 蓝黑色颜色明度低，代表着勇气、冷静、理智、永不言弃的含义。
2. 该网页中，左侧为浅色，右侧为深色，这样的搭配使画面产生了明显的对比效果。
3. 在画面中，左侧呈现静态，右侧呈现动态，人的视线从左至右，能够更加全面地观察网页。

3.6.8 爱丽丝蓝 & 水晶蓝

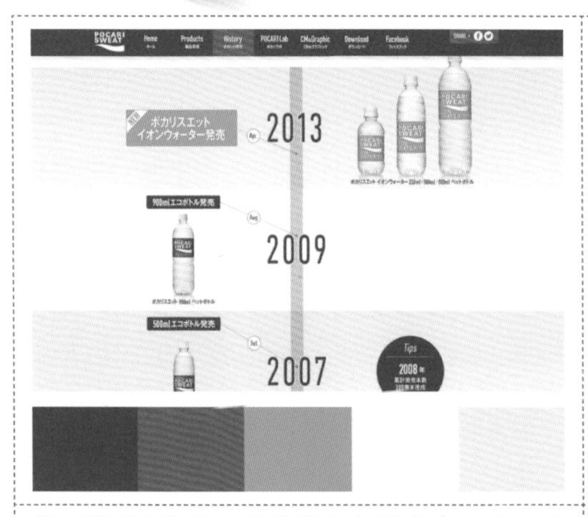

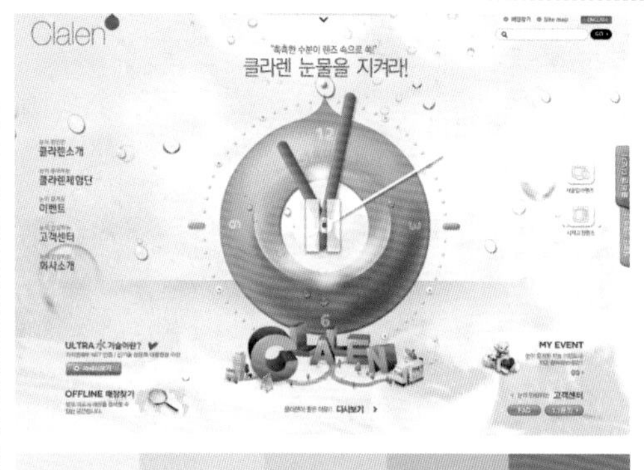

1. 爱丽丝蓝是一种非常梦幻的蓝色，在这个网页中，背景色采用了爱丽丝蓝。
2. 该网页为同类色的配色方案，青蓝色色调的配色，非常契合网页的主题。

1. 水晶蓝是一种浅而剔透的蓝色，颜色非常轻盈、纯粹。
2. 在该页面中，以大面积的水晶蓝作为背景，为画面营造了透明、梦幻的意境。
3. 该网页为“口”字型布局方式，中间为创意图案，四周为文字信息，这样的布局方式使页面充实、内容丰富。

3.6.9 孔雀蓝 & 水墨蓝

1. 孔雀蓝像孔雀羽毛一样，非常美丽。该颜色妖艳中透着诡异，是非常善变的颜色。
2. 在该网页中，灰色搭配了妖艳孔雀蓝，颜色的对比为画面营造了旷达、澎湃的意境。
3. 在该网页中，网页左侧布局非常规则，右侧的花纹呈现出流动之态，画面动静结合，张弛有度。

1. 水墨蓝颜色纯度较低，偏灰调，给人一种严谨、洒脱的感觉。
2. 在该网页中，以花纹进行网页的装饰，对于饮品而言，这样的设计非常特别，所以会给人留下深刻的印象。
3. 画面中的花纹图案古朴、雅致，配合特别的网页布局，显得简洁雅致、干净利落。

3.7 紫

3.7.1 认识紫色

紫色是红色和蓝色混合而成的颜色，这是构成它复杂性格的基础。紫色是属于贵族的颜色，在我国古代，紫色代表了富贵吉祥。当紫色中蓝色的含量变多后，颜色会变得非常深邃、冰冷；当紫色中红色的含量变多后，颜色会慢慢变暖，会显得女性化。

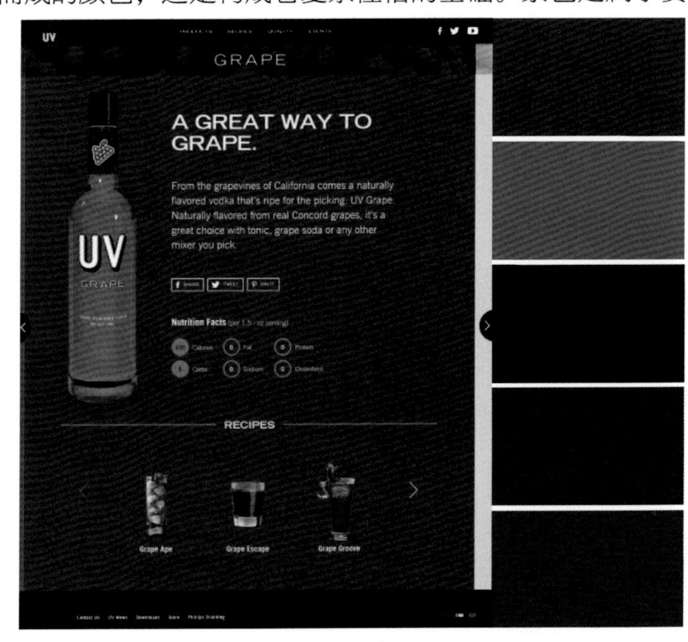

色彩情感：优雅、高贵、梦幻、庄重、昂贵、神圣、芬芳、慈爱、力量、自傲、敏感、内向、虔诚、柔美、动人、细腻、财富、沉静、冰冷、严厉、距离、神秘、悲伤、极端。

紫 RGB=102,0,255 CMYK=81,79,0,0	淡紫色 RGB=227,209,254 CMYK=15,22,0,0	靛青色 RGB=75,0,130 CMYK=88,100,31,0	紫藤 RGB=141,74,187 CMYK=61,78,0,0
木槿紫 RGB=124,80,157 CMYK=63,77,8,0	藕荷色 RGB=216,191,206 CMYK=18,29,13,0	丁香紫 RGB=187,161,203 CMYK=32,41,4,0	水晶紫 RGB=126,73,133 CMYK=62,81,25,0
矿紫 RGB=172,135,164 CMYK=40,52,22,0	三色堇紫 RGB=139,0,98 CMYK=59,100,42,2	锦葵紫 RGB=211,105,164 CMYK=22,71,8,0	淡紫丁香 RGB=237,224,230 CMYK=8,15,6,0
浅灰紫 RGB=157,137,157 CMYK=46,49,28,0	江户紫 RGB=111,89,156 CMYK=68,71,14,0	蝴蝶花紫 RGB=166,1,116 CMYK=46,100,26,0	蔷薇紫 RGB=214,153,186 CMYK=20,49,10,0

3.7.2 紫 & 淡紫色

❶ 紫色是非常刺激的颜色，非常有张力。它代表着优雅与高贵。

❷ 该网页中采用单色调的配色，它以紫色为主色调，同时搭配深浅变化，而求得协调关系。

❸ 该网页为标题正文型的网页布局，是一种简单直白的表达方式。

❶ 淡紫色婉约、含蓄，是让人放松的颜色。

❷ 在该网页中，颜色采用由深至浅的变化，这种颜色变化可以引导人的视线由上至下流动。

❸ 该网页为“口”字型布局方式，采用这种布局方式，让信息繁杂的页面变得条理清晰。

3.7.3 靛青色 & 紫藤

❶ 靛青色是一种明度较暗的紫色，颜色具有神秘性格，时尚前卫。

❷ 在网页中，采用对比色的配色方案，以大面积的靛青色为主色调，然后搭配低纯度的黄色，这样的配色既活泼风趣，又不会有过于刺激、急躁的感觉。

❸ 该网页以“圆”为视觉元素，除营造了网站富有节奏的主体形状外，还利用线条加强了页面的层次感和连贯性。

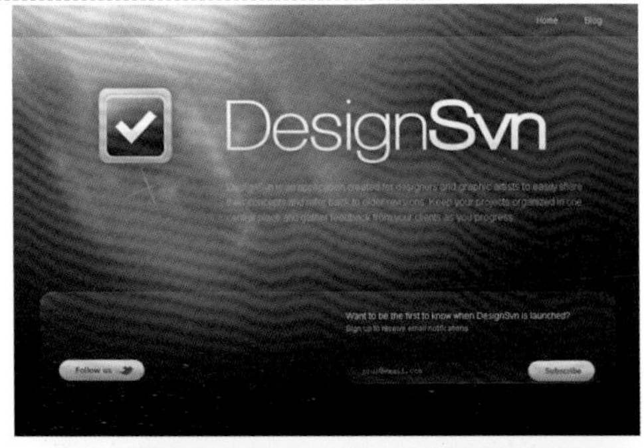

❶ 紫藤色的颜色来自紫藤花，看到这种颜色时，不禁让人联想到花朵的芬芳，是一种美丽、优雅的颜色。

❷ 该网页为单色调的配色，通过颜色的变化，为画面营造了一种梦幻、空灵的意境。

❸ 该作品构图简单，标题文字醒目，网页的主题非常明确。

3.7.4 木槿紫 & 藕荷色

1. 木槿紫是一个中明度的紫色，是非常低调的紫色，它代表着优雅和多愁善感。
2. 木槿紫本不是明快的颜色，但在该网页中，木槿紫搭配白色，会让原本沉闷的色彩变得具有生机。
3. 在该网页中，半透明的图片占据了整个画面，这种设计方式是最近几年所流行的，能够让人感到一种朦胧、隐晦之美。

1. 藕荷色是一种偏灰调的紫色，颜色纯度较低，所以没了紫色固有的夺目，反倒会呈现出一种温婉、素雅之感。
2. 在该网页中，整体的颜色氛围是非常安静、柔和的。再搭配上规整的网页布局，整个页面风格给人一种比较严谨、理智且非常舒适的感觉。

3.7.5 丁香紫 & 水晶紫

1. 丁香紫颜色轻柔淡雅，象征着女性的温柔、娴熟。
2. 该网页简洁、工整和自然，追求版式与颜色之间的一种自然、和谐之美。

1. 水晶紫颜色浓郁、神秘，是既细腻又敏感的颜色。
2. 在该网页中，水晶紫搭配红色，在画面中形成了一种妩媚、性感的基调。

3.7.6 矿紫 & 三色堇紫

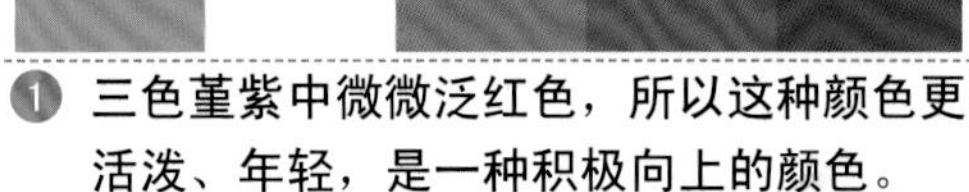

❶ 矿紫色是一种柔中带刚的颜色，它既有紫色的柔美，又有灰色的坚毅。
❷ 在该网页中，颜色是富有节奏、韵律的，虽然同为紫色调，但通过颜色明度、纯度的变化，为画面打造了多层次的效果。
❸ 网页采用“拐角型”的布局方式，重要的文字信息通过人的阅读顺序排列，是非常人性化的设计方式。

❶ 三色堇紫中微微泛红色，所以这种颜色更活泼、年轻，是一种积极向上的颜色。
❷ 在该网页中，主色调选择了与商品类似的颜色，这样的配色方式既能够让画面有颜色的变化，又能让画面看起来色调统一。
❸ 文字的排版也是网页设计的重点，例如在该网页中，标题文字醒目，副标题文字被变形处理，说明文字位置放在了页面中心，这样的排版，让浏览网页的人能够了解全部的文字信息。

3.7.7 锦葵紫 & 淡紫丁香

❶ 锦葵紫颜色偏红，给人一种绚丽、灿烂的视觉印象。
❷ 在该网页中，靓丽的色彩给人耳目一新的感觉。
❸ 该网页通过凝练的色彩，简洁的文字，让浏览者印象深刻。

❶ 淡紫丁香是高明度的色彩，有着少女一样天真、活泼的气质。
❷ 该网页是商业网站的，所以广告占据了大面积的篇幅，而且其他的文字信息也非常多，所以采用了白色作为背景，让整个页面看起来非常干净、整洁。

3.7.8 浅灰紫 & 江户紫

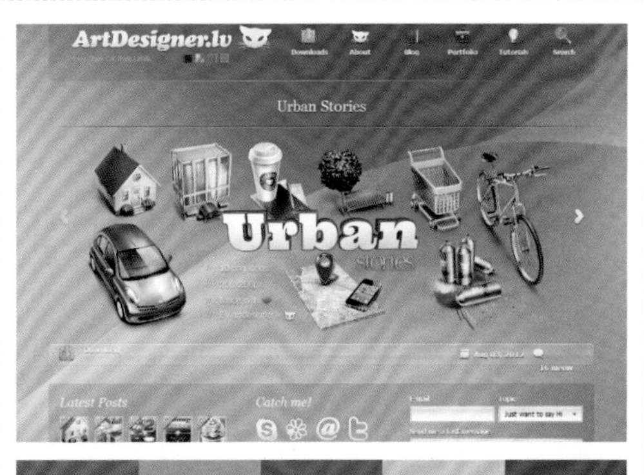

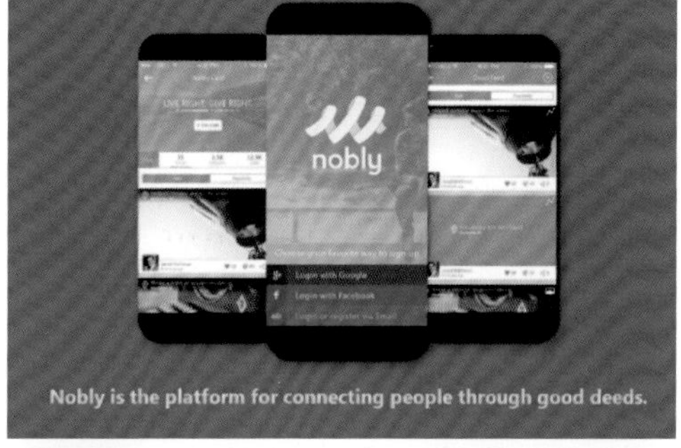

1. 浅灰色为灰色调，有着灰色调独有的忧郁气质。
2. 该网页为“国”字型网页布局，将网页中的内容非常有条理地摆放，即便内容多，也不会显得凌乱。
3. 在该网页中，画面的背景是一大亮点，因为其颜色不断变化且带有纹理，这样的背景既能使画面丰富，又不会太醒目。

1. 江户紫是有些偏蓝的紫色，所以它既有紫色的优雅，又有蓝色的理智，是一种特别的紫色。
2. 该网页颜色单纯，用大面积的单色来刺激浏览者的眼球。
3. 网页简约的布局方式，能够让浏览者迅速得到网页所要传递的信息，这是一种以少胜多的方法。

3.7.9 蝴蝶花紫 & 蔷薇紫

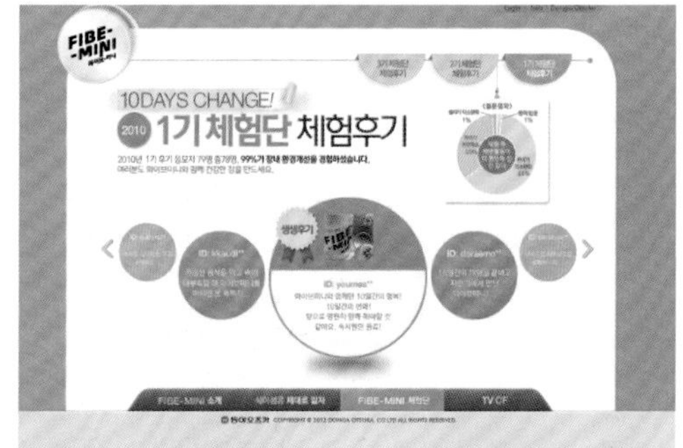

1. 蝴蝶花紫颜色绚丽、华美，这样的颜色张扬、随性，毫无保留地展示自己的美。
2. 在该网页中，颜色丰富多样，整个画面气氛活泼、风趣，为浏览者创造出最佳的愉悦氛围和视觉环境。

1. 蔷薇紫是一种浅紫色，明度高，纯度低，代表着温柔、浪漫、爱情。
2. 在该页面中，以白色搭配蔷薇紫，形成了一种甜美、芳香的感觉。而且网页中都是以圆形作为图案，整体营造了一种阴柔之美。

3.8.4 10% 亮灰 & 50% 灰

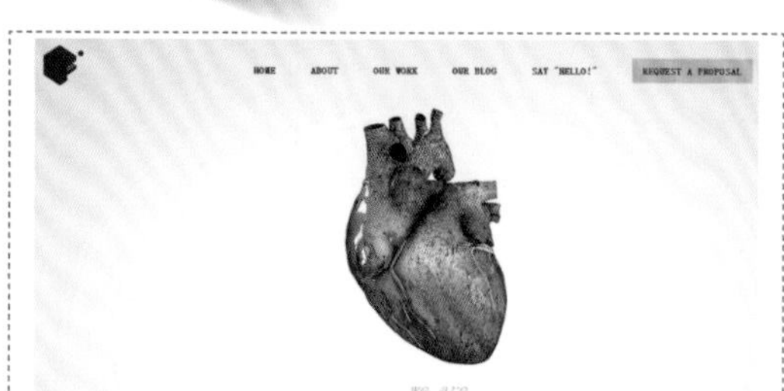

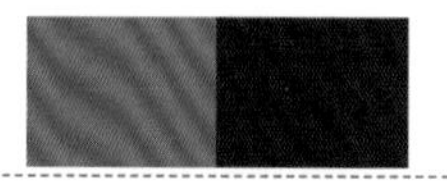

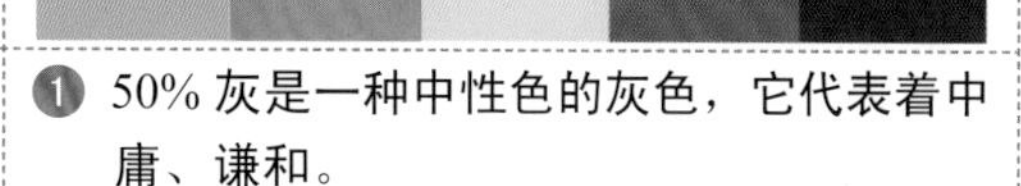

❶ 10% 亮灰色是一种明度较高的灰色，它具有高雅、素净的寓意。

❷ 在该网页中，以亮灰色作为背景，然后以一个彩色的图形作为视觉中心，以它的色彩点亮整个画面。

❸ 该网页内容十分简洁，利用特别的图案以及具有说服力的标题赢得用户的关注。

❶ 50% 灰是一种中性色的灰色，它代表着中庸、谦和。

❷ 在该网页中，以灰色作为背景颜色，搭配不同颜色的图形，这样就打破了灰色沉闷、呆板的感觉。

❸ 该网页中，以图案的组合作为视觉的中心，这些图形既是装饰又是按钮，是时下较为流行的设计方式。

3.8.5 80% 炭灰 & 黑

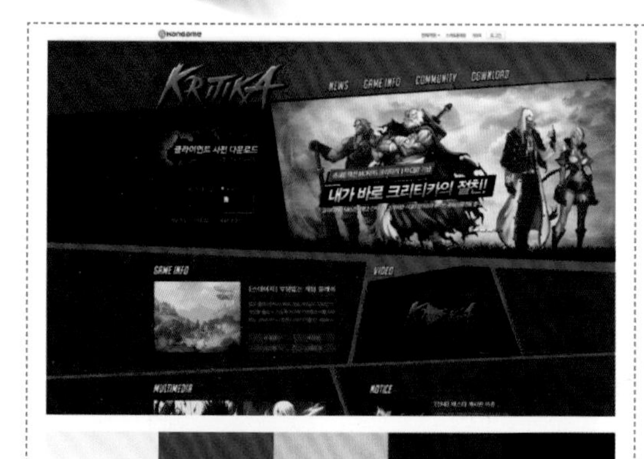

❶ 80% 炭灰是一种深灰色，颜色给人朴实、坚毅的感觉。

❷ 这是一款游戏类的网页设计，在设计时要考虑玩家的感受，灰色代表着男性坚毅、勇敢的性格，红色代表着血腥、杀戮，从配色上就给人很强烈刺激的游戏代入感。

❶ 黑色是一种具有力量的颜色，它坚如磐石，有着吞没一切的力量，象征着刚强、果敢、神秘。

❷ 该网页为数码类的网页设计，所以选择黑色作为主色调，象征着品质、高端与科技。

❸ 该网页主要是介绍商品，通过图像及说明文字进行介绍，整个画面内容紧凑，又不失空间感。

第4章 网页的布局

网页布局是指网页内容在页面上所处位置的设计。网页布局会决定整个网页风格以及视觉效果。合理的网页布局方式有利于网页信息的编排，增加访客的浏览兴趣和接受程度，也是体现一个网页个性化与人性化的重要手段。优秀的网页布局还能够引导访客的视觉流向，营造出一个富有生气的独特世界。

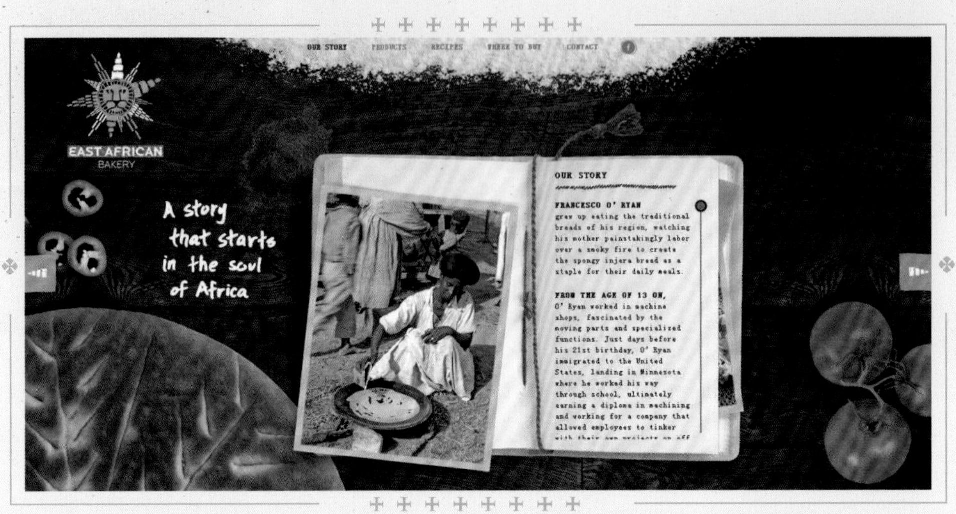

4.1 网页的布局方式

网页的布局决定了整个网页的风格和视觉效果，合理的网页布局可以增加访客阅读的便捷性和接受程度，同时，它还影响了整个画面的个性化设计。网页的布局基本可以分为“国”字型布局、拐角型布局、封面型布局、对称型布局、“口”字型布局、通栏型布局和骨骼型布局。

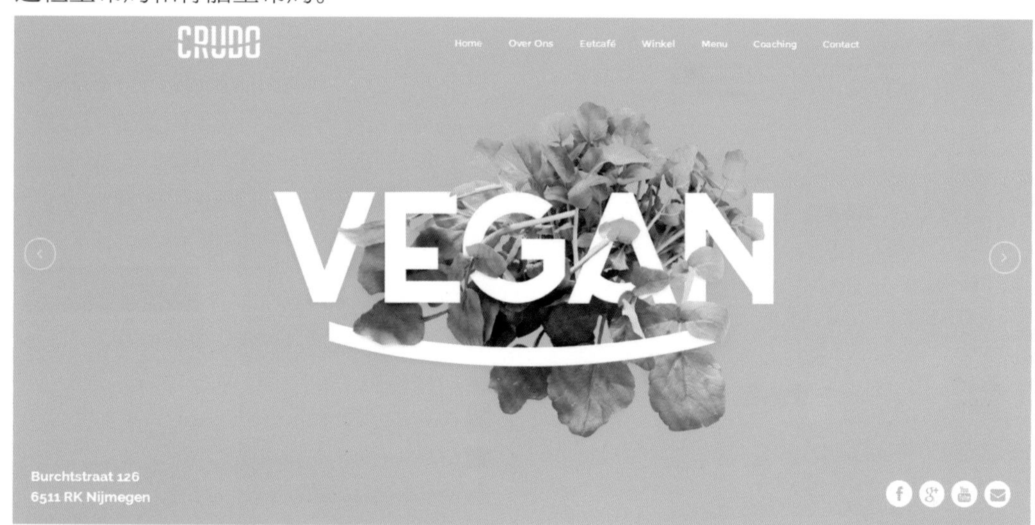

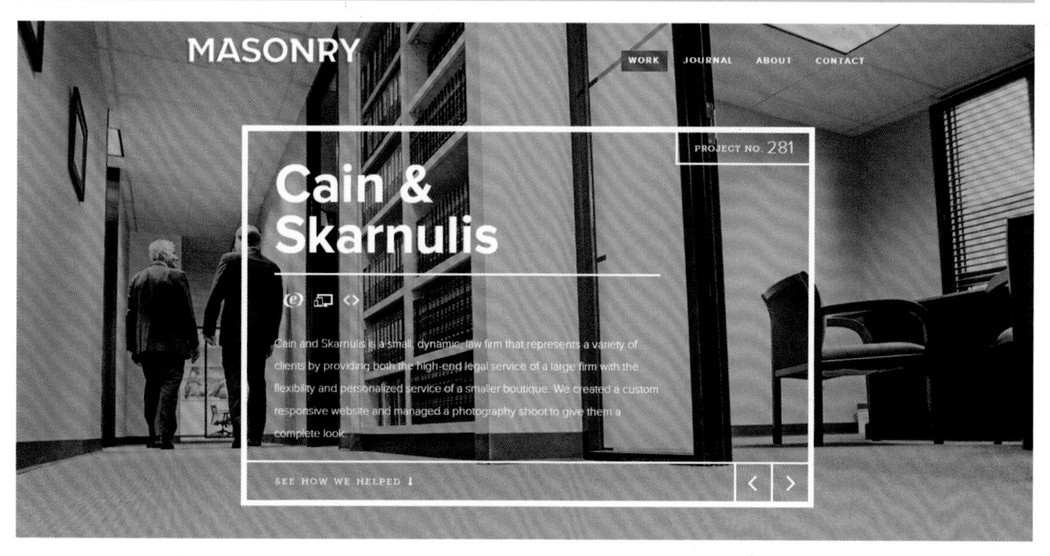

4.1.1 国字型布局

“国”字型布局也被称为“同”字型布局，是一种常见的网页布局方式。这种布局方式通常顶部为网站的标题、导航栏以及横幅广告条等，接下来就是网站的主要内容，最下面是网站的一些基本信息、联系方式、版权声明等。

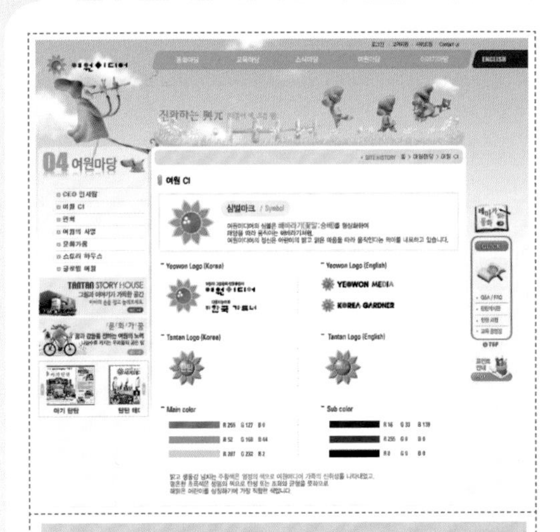

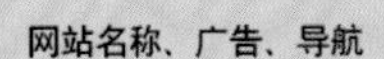

设计理念：“国”字型的布局方式是最常见的布局方式，该网页中信息量较大，画面左侧及右侧为超链接，中间部分为重要内容，整个页面条理非常清晰。

色彩点评：该网页为绿色搭配象牙白，整个画面色调清新、柔和，给人一种清新、活泼的感觉。

❶该网页页眉采用卡通插图作为装饰，整体效果非常可爱，为画面增添了幽默感。

❷画面中各类图标、图形都采用了绿色调，给人一种和谐、统一的美感。

❸该网页的颜色从浓到淡，这种颜色的过渡具有视觉引导性，引导访客的视线从上到下地移动。

CMYK=8,0,40,0 RGB=173,232,181
CMYK=65,0,76,0 RGB=78,198,101
CMYK=2,3,7,0 RGB=251,248,241
CMYK=31,100,100,1 RGB=194,9,17

在浅褐色的衬托下，白色的前景显得非常突出。画面中每一处的分栏都非常清新，很具有条理性。在主要内容部分，信息量庞大，所以将其分为两份，而且通过颜色、字号的变化，让信息变得更加条理清晰。

CMYK=0,72,92,0 RGB=255,106,1
CMYK=57,47,0,0 RGB=131,137,242
CMYK=11,92,83,0 RGB=230,47,46
CMYK=79,74,73,46 RGB=50,50,49
CMYK=11,79,12,0 RGB=232,86,150
CMYK=64,30,0,0 RGB=93,160,232
CMYK=41,65,93,2 RGB=171,107,46

该网页以亮灰色作为主色调，采用单色调的配色方案，整体色调安静柔和。画面中以紫色和红色作为点缀色，让画面的颜色看起来不那么沉闷。

CMYK=39,36,33,0 RGB=171,161,160
CMYK=73,85,0,0 RGB=110,54,174
CMYK=0,84,63,0 RGB=252,70,73
CMYK=13,10,10,0 RGB=228,228,228

什么是网页设计的视觉流程？

视觉流程是指人的视觉在接受外界信息时的流动程序。网页设计的视觉流程是一种“空间的运动”，因为人的视野是有限的，它必须按照一定的轨迹进行移动。所以可以通过控制视觉流程，诱导访客的视线按照一定的轨迹进行移动，这样能够让网页的信息更全面、精准地传递。

配色方案

网页设计赏析

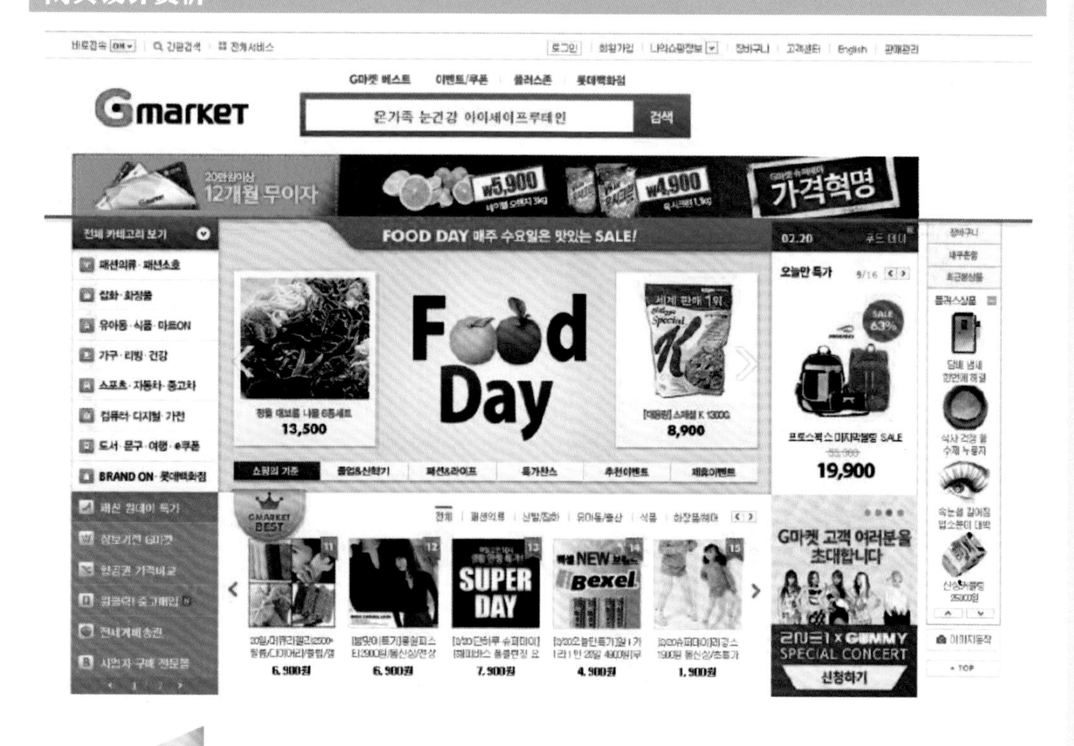

4.1.2 拐角型布局

拐角型的布局方式与“国”字型的布局方式非常相近，通常在网页的上方为标题及广告横幅，接下来的左侧是一窄列链接按钮，右侧为主要信息内容，最下面是网站的一些基本信息、联系方式、版权声明等。

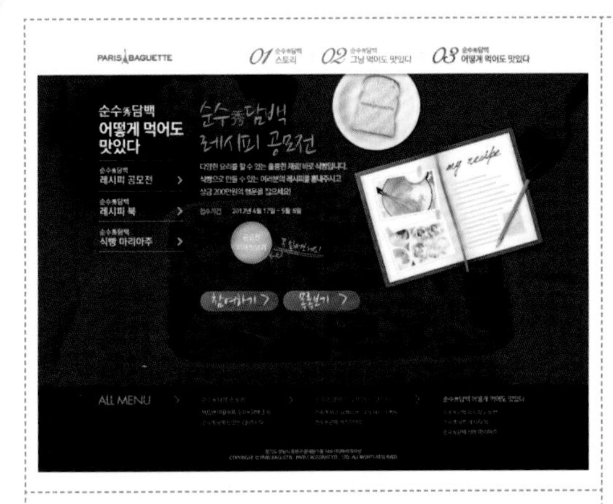

设计理念：拐角型的布局方式是较为常见的布局方式，该网页图文并茂，在信息内容较多时，就适合选择这样的布局方式。

色彩点评：该网页为低明度色彩基调，前景中的元素为高明度色彩基调，这样一明一暗的对比，凸显了网页的主题。

❶半透明的网页背景内容丰富，又不会有喧宾夺主的感觉。

❷画面中的颜色比较简单，几个有彩色的按钮和图标让画面效果更加鲜活。

❸低明度的色彩基调给人一种稳定、理智的视觉感受。

CMYK=87,77,71,51 RGB=32,43,47
CMYK=90,83,80,69 RGB=14,19,22
CMYK=48,65,99,8 RGB=150,100,39
CMYK=40,18,90,0 RGB=178,190,51

这是一个游戏的网页设计，红色调的配色方案给人一种热烈、激情的感觉。倾斜的构图方式给人一种不稳定的感觉，与整个画面的气氛相呼应。

CMYK=55,74,78,20 RGB=123,75,58
CMYK=100,100,100,100 RGB=0,0,0
CMYK=8,4,55,0 RGB=250,241,138
CMYK=8,4,55,0 RGB=250,241,138
CMYK=9,98,100,0 RGB=233,0,3

该网页为咖啡色调，木板纹理的背景让人觉得稳重、结实。网页采用拐角型的布局方式，画面中图案内容较多，给人一种饱满、丰富的感觉。

CMYK=86,49,33,0 RGB=0,116,151
CMYK=23,81,88,0 RGB=208,82,44
CMYK=84,83,90,74 RGB=21,14,6
CMYK=12,19,57,0 RGB=237,211,126
CMYK=65,76,88,48 RGB=74,48,32

网页设计的视觉流程——单向视觉流程

单向视觉流程可以分为横向、纵向和斜向三种形式。单向的视觉流程就是网页版面的图形、文字等内容以横向、纵向或斜向的方式去组织构图。

横向的视觉流程

横向的视觉流程给人一种坚定、直观的感觉。

纵向的视觉流程

纵向的视觉流程给人稳定、秩序之感。

斜向的视觉流程

斜向的视觉流程给人以不稳定的动感，从而引起访客的注意。

配色方案

双色配色

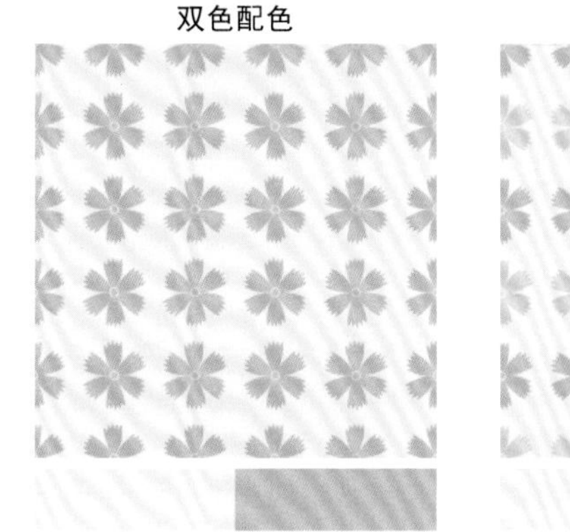

三色配色

四色配色

网页设计赏析

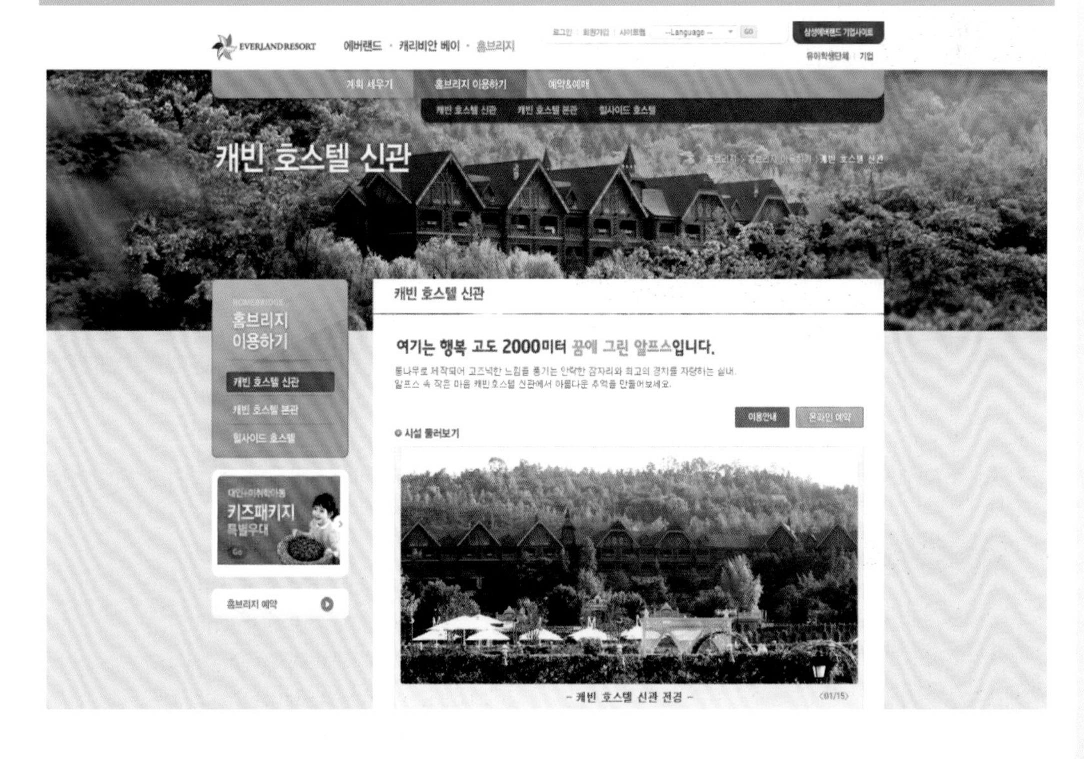

4.1.3 封面型布局

封面型的网页布局通常应用在网站的首页，打开网页后，首先看到的应该是精美的图形或视频，网页中的基本信息会很少，所以更容易吸引访客的注意。这类网页是近几年开始兴起的，通常给人一种大方、赏心悦目的感受。

网站名称、导航

主要内容

设计理念：该网页布局方式简约，当打开网页后，首先就会注意到画面中心位置的图案及文字，主题非常突出。

色彩点评：该网页颜色单纯、干净，单色调的背景给人一种简约、现代之感。

(1) 绿色调的配色方案给人一种健康、清新的感觉。

(2) 在对比色的作用下，红色的西红柿非常突出。

(3) 该网页主要表现的是“健康”这一主题，画面中的文字信息、绿色蔬菜以及色调都紧扣这一主题。

CMYK=0,0,0,0 RGB=255,255,255
CMYK=31,3,53,0 RGB=195,223,146
CMYK=82,40,100,3 RGB=44,125,1
CMYK=20,93,100,0 RGB=214,45,0

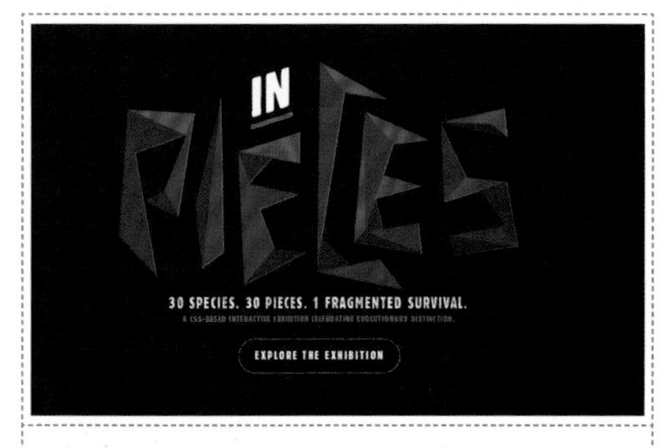

在这个画面中，文字信息较少，夸张的字体形象非常引人注意。画面采用有彩色和无彩色的对比，在黑色背景的衬托下，洋红色调的文字格外具有吸引力。

CMYK=0,0,0,0 RGB=255,255,255
CMYK=35,100,74,1 RGB=186,6,60
CMYK=100,100,100,100 RGB=0,0,0

这是一个高明度色彩基调的网页，高亮度的灰色给人一种优雅、温柔的感觉。封面型的布局方式整体造型新颖独特，富有情趣。

大篇幅的图像给人一种舒展、大气的感觉。

CMYK=42,33,32,0 RGB=163,163,163
CMYK=91,87,87,78 RGB=4,3,3
CMYK=43,91,33,2 RGB=36,55,119
CMYK=0,0,0,0 RGB=255,255,255
CMYK=7,6,7,0 RGB= 241,240,238

网页设计的视觉流程——曲线视觉流程

曲线视觉流程是指网页中的元素随着曲线进行运动变化，曲线型的视觉流程不像单向型视觉流程那么直观，它具有流畅、飘逸的美感。曲线的视觉流程可以分为C型和S型两种。

C型

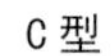

C型的视觉流程有很强的方向性，能够增强画面的视觉力度。

S型

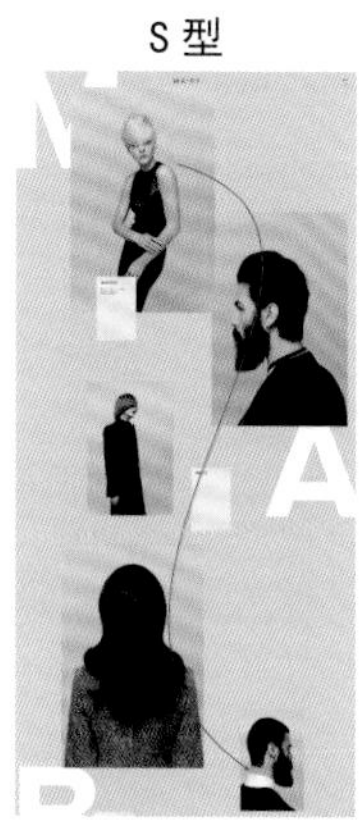

S型的视线流程具有很强的动感和韵律，能够让画面效果更加生动。

配色方案

双色配色

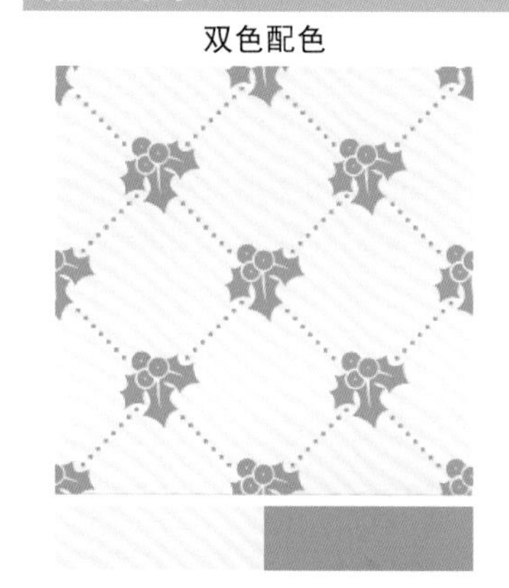

三色配色

四色配色

网页设计赏析

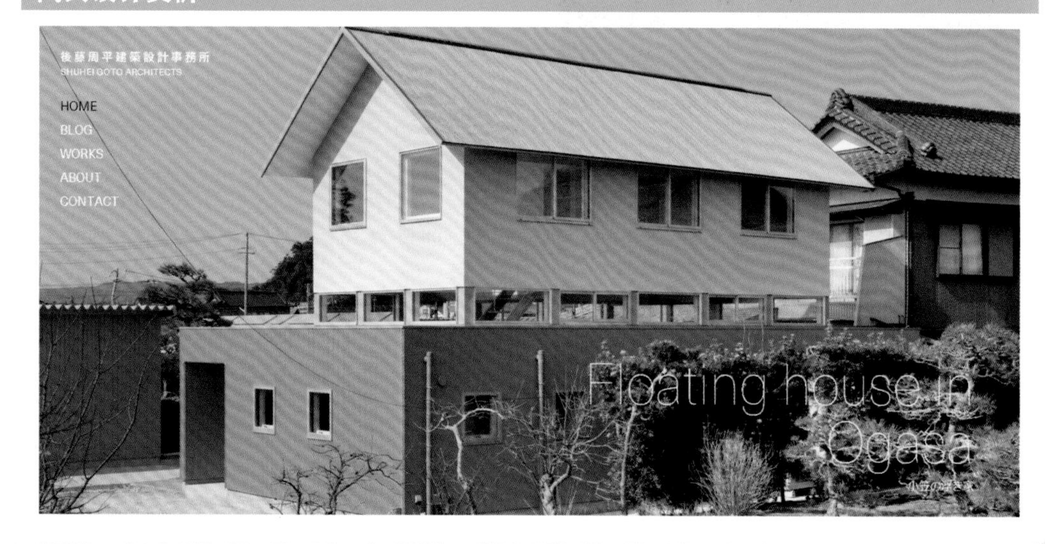

4.1.4 对称型布局

对称布局采用左右或者上下对称的布局，但是，这种对称并非严格意义上的对称，通常由中轴线分开，形成两个版面，两个版面有颜色、图形的不同变化。这类网站通常视觉冲击力强，给人一种平衡的美感。其缺点是两部分的有机结合比较困难。

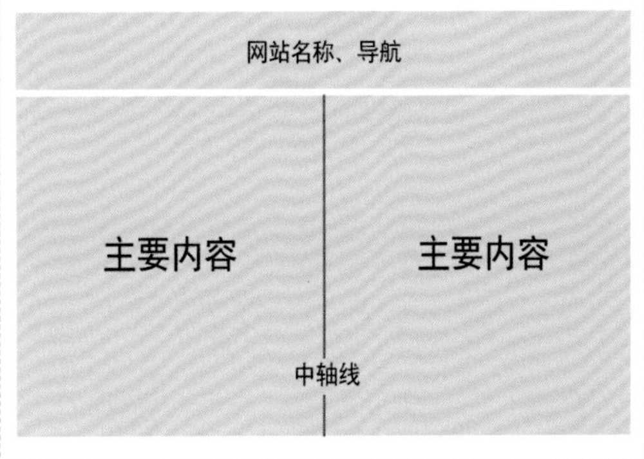

设计理念：该网页利用中轴线将画面分为两个部分，画面中，手机、文字和按钮的位置呈现出对称的状态，给人一种严谨、缜密的感觉。

色彩点评：该网页由两种颜色组成，橙色和紫色为对比色，这样的配色可以引发画面颜色的对比，让颜色效果更加具有冲击力。

1. 画面中的白色文字及按钮有提高画面亮度、活跃画面气氛的作用。
2. 该网页画面内容统一，但颜色却追求对比，这是一种在统一中追求变化的做法，在对称式布局方式的网页设计中经常用到。
3. 在背景中有微弱的纹理，这种做法有丰富画面内容的作用，让画面内容有更加生动、活泼的感觉。

CMYK=49,58,8,0 RGB=154,121,177
CMYK,6,60,81,0 RGB=241,134,53
CMYK=0,0,0,0 RGB=255,255,255

黑与白在明度上的对比非常强烈，该网页以黑色为主色调，搭配灰色和白色，整个画面形成鲜明的对比效果。画面中的人物姿态相同，给人一种平衡的美感。

CMYK=0,0,0,0 RGB=255,255,255
CMYK=54,48,48,0 RGB=136,130,124
CMYK=100,100,100,100 RGB=0,0,0

在该网页中，各部分的按钮都是采用对称的方式进行布局，给人一种对称、平衡的美感。画面整体布局非常简约，让访客对画面内容一览无余。

CMYK=0,0,0,0 RGB=255,255,255
CMYK=100,100,100,100 RGB=0,0,0

网页设计的视觉流程——焦点视觉流程

焦点是指视觉心理的焦点，它通常以鲜明的主题视觉要素占据页面最能成为视觉焦点的区域或位置，以聚焦浏览者的视线，形成视觉与心理上的焦点，使网页的主题更加鲜明。在视觉心理的作用下，焦点视觉流程能使主题更加鲜明、强烈。焦点视觉流程分为中心视觉流程、向心视觉流程与离心视觉流程三种。

中心视觉流程

中心视觉流程将视觉焦点摆放在中心位置，在它的周围留有大量的空白区域。这样的视觉效果突出而强烈，给人一种权威、端庄的感觉。

向心型视觉流程

向心型视觉流程以页面中的一个重要元素作为中心，然后引导其余的视觉要素向内集中的方式围绕主题形象进行编排。这种视觉流程能够明确突出主题内容，而且也能表达次要的信息。整个画面有一定的层次关系。

离心视觉流程

离心视觉流程是以向外扩张的方式围绕页面中心点进行安排，包围页面中心的内容是视觉的重心，而页面中心的内容反倒被弱化了。这样的视觉流程能够使画面的内容更加具有张力，有一种不稳定的视觉效果。

配色方案

三色配色

四色配色

五色配色

网页设计赏析

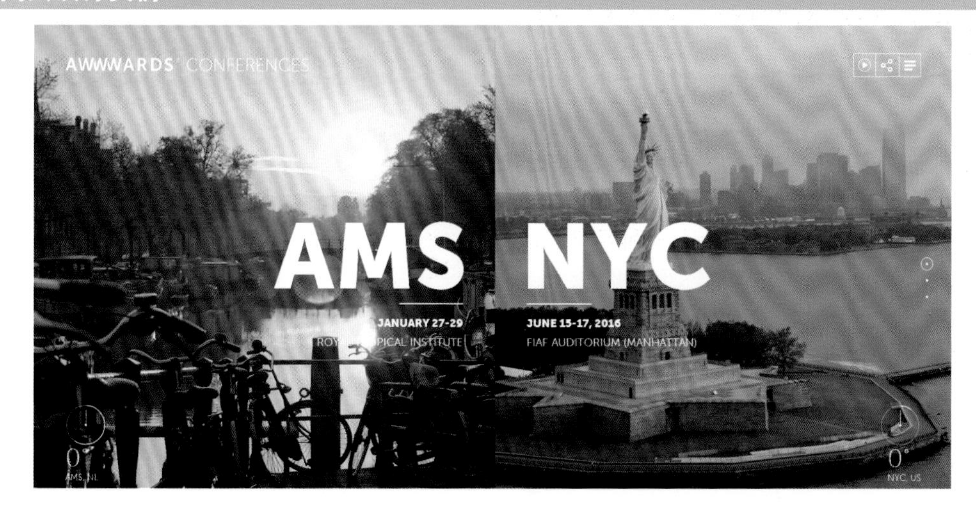

4.1.5 口字型布局

“口”字型布局方式是将四边空出，只用中间的窗口来设计，这样的布局方式可以将用户的视线集中在窗口内。但是这样的布局方式也有弊端，例如在内容较多的情况下，空间会显得十分狭小，给人一种压抑的感觉。这类网页通常应用在游戏、娱乐性质的网站中。

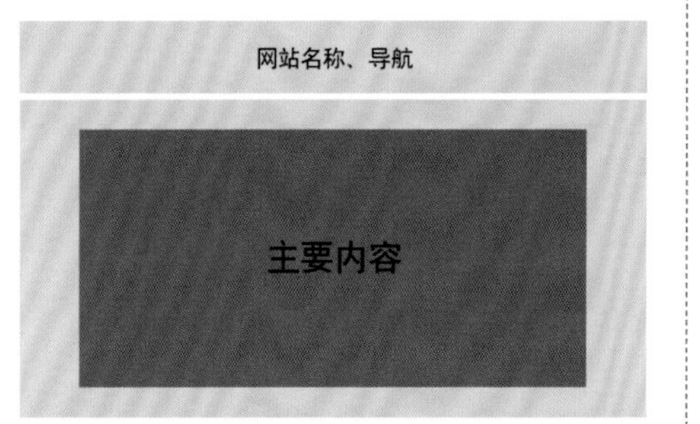

设计理念：该网页采用“口”字型的布局方式，整个画面元素巧妙连接，布局紧凑，内容丰富。

色彩点评：该网页为中明度的色彩基调，背景颜色柔和、安稳，但是前景中的颜色却很丰富，给人以年轻、活力的感觉。

1. 该网页将窗口制作成书展开的样子，给人一种代入感。
2. 整个画面属于卡通风格，整体造型别具一格、不落俗套。
3. 画面中有很多细小的装饰线，这些线具有分割、装饰、引导视线的作用。

CMYK=19,22,35,0 RGB=217,200,170
CMYK=66,35,10,0 RGB=95,150,202
CMYK=17,91,42,0 RGB=219,51,102
CMYK=7,6,9,0 RGB=241,240,235
CMYK=71,19,90,0 RGB=81,163,72

土黄色的色调，搭配上矢量的插画，给人一种怀旧的视觉印象。画面中“框”是很窄的细线，这样的设计既能将视线集中在“框”内，又不会让画面产生过于拥堵的感觉。

CMYK=100,92,45,10 RGB=20,50,99
CMYK=0,0,0,0 RGB=255,255,255
CMYK=87,76,49,13 RGB=51,70,99
CMYK=27,39,88,0 RGB=204,163,48

这是一个圣诞主题的网页设计，在柔和的背景衬托下，红色的礼物格外具有吸引力。红色搭配上绿色，是典型的圣诞配色方案，具有浓厚的节日气氛。

CMYK=49,7,27,0 RGB=141,203,198
CMYK=75,30,75,0 RGB=66,146,96
CMYK=0,0,0,0 RGB=255,255,255
CMYK=33,99,100,1 RGB=189,27,23
CMYK=52,71,82,15 RGB=134,84,57
CMYK=15,16,15,0 RGB=223,215,212

网页设计的视觉流程——反复视觉流程

反复视觉流程是指网页中相同或相似的视觉元素，做有规律、秩序和节奏的运动。可以带给人一种韵律美和秩序美，同时有强调的作用，增加访客的记忆效果。

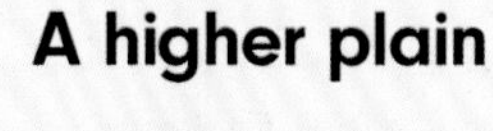

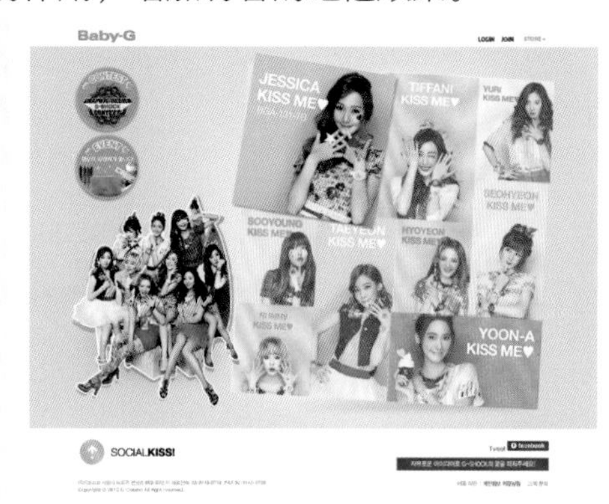

配色方案

双色配色

三色配色

四色配色

网页设计赏析

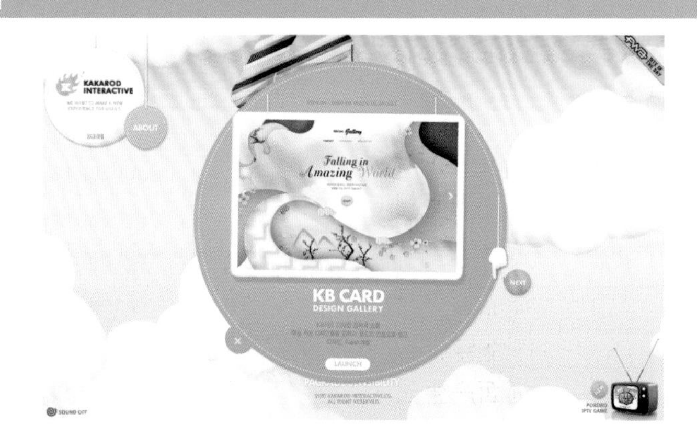

4.1.6 通栏型布局

通栏型布局方式是一种简洁明快的布局方式，是现在较为流行的布局方式。其布局方式由上至下横向排列，每个模块以横向为单位，不受方框的限制。这样的布局方式大气、开阔，在细节的处理上更具有灵活性。

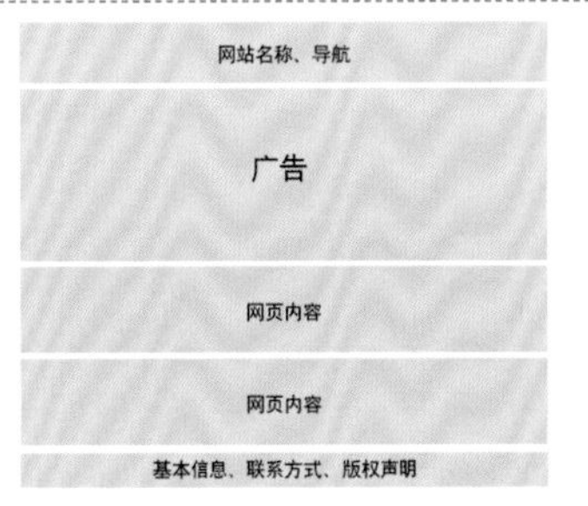

设计理念：在该网页中，通栏型的布局方式充分地利用了网页的空间，整体给人一种舒展、大气的视觉印象。

色彩点评：整个网页的界面为白色，导航栏及文字为灰色，这样的搭配给人一种干净、高品质的视觉印象。

1 网页广告所占据的面积较大，起到了很好的宣传作用。

2 该网页中的信息量较大，通栏型的布局方式让画面内容可以更加清晰地进行展示。

3 网页中的广告颜色也非常轻柔，与整个画面的色调相统一。

CMYK=0,0,0,0 RGB=255,255,255
CMYK=11,7,5,0 RGB=231,234,239
CMYK=75,69,66,29 RGB=69,69,69
CMYK=1,17,13,0 RGB=252,226,218
CMYK=5,91,23,0 RGB=242,43,124

该网页采用高明度的色彩基调，绿色作为点缀色，给人一种清新脱俗的感觉。通栏型的布局方式让整个画面看上去更加舒服、大气。

CMYK=53,44,42,0 RGB=137,137,137
CMYK=66,9,61,0 RGB=89,182,130
CMYK=0,0,0,0 RGB=255,255,255
CMYK=14,13,19,0 RGB=227,221,208

该页面采用冷色调的配色方案，紫色在画面中格外醒目，给人一种浪漫、高贵的感觉。通栏型的布局方式使整个画面看上去简约、精致，让人一目了然。

CMYK=5,67,27,0 RGB=243,119,142
CMYK=5,44,91,0 RGB=247,167,5
CMYK=70,4,33,0 RGB=42,189,191
CMYK=35,28,26,0 RGB=178,178,178
CMYK=74,86,0,0 RGB=120,20,200
CMYK=5,4,4,0 RGB=245,245,245
CMYK=43,0,17,0 RGB=153,224,227

网页设计的视觉流程——导向视觉流程

导向视觉流程是通过诱导性视觉元素，主动引导访客的视线向一定的方向做顺序运动。导向型视觉流程可以让画面的内容传递得更加全面，使信息更具条理性，发挥最大的信息传递作用。导向视觉流程分为文字导向、手势导向、指示导向和视线导向四种。

文字导向	手势导向
 文字导向视觉流程通过页面中的文字引导访客的视线，通常，文字导向中的文字是经过处理的艺术字体，这样才能吸引访客的注意。使用文字导向视觉流程通常重点突出、条理清晰，能够直接明确地传达信息。	 手势导向视觉流程是利用画面中人物的手势来引导访客的视线，这种视觉流程更具有指向性，导向效果更好，而且能够使画面显得更生动、亲切。
指示导向	**视线导向**
 指示导向是指利用具体的形象或抽象的符号来引导访客的视线，它可以让画面的信息浏览层次更加清晰、明确。	 视线导向是指利用画面中的人物视线对访客产生引导效应。通过人物视线的导向，增加页面的方向感，能够与访客产生一种共鸣。

配色方案

双色配色	三色配色	四色配色
		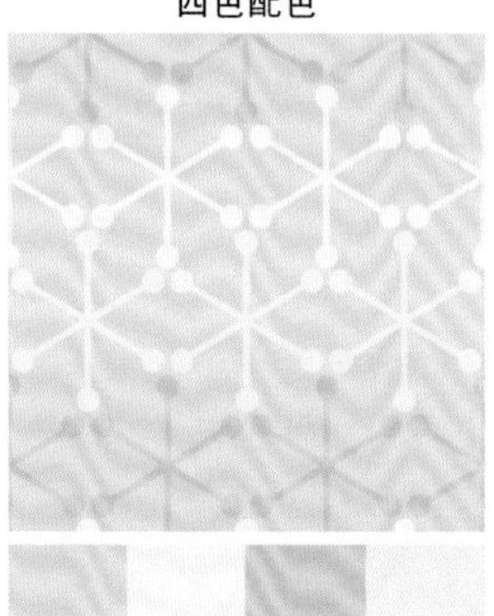

网页设计赏析

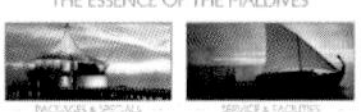

4.1.7 骨骼型布局

骨骼型的网页布局方式是一种规范的、理性的布局方式。常见的骨骼型布局有竖向通栏、双栏、三栏、四栏和横向的通栏、双栏、三栏、四栏等，一般以竖向分栏居多。这种布局方式通常被应用在一些个性化或大型论坛网页中，具有结构清晰、内容一目了然的优点，是一种即理性又和谐，活泼而富有弹性的布局方式。

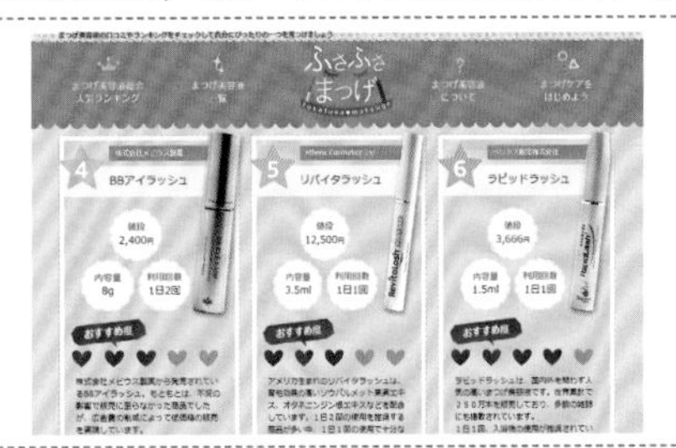

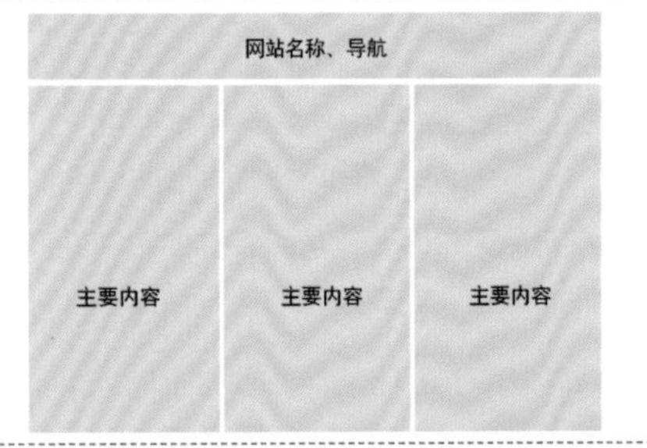

设计理念：该网页采用骨骼型的布局方式，共分为三栏，每一栏的布局都是相同的，整体给人一种视觉上的统一感。

色彩点评：粉红色一向是偏女性的颜色，该网页以粉色为主色调，整个画面都荡漾着女性的气息。

1. 这是一个女性主题的网页设计，粉色调的配色和可爱的界面设计都能够吸引女性的注意。
2. 该网页中所要表现的信息内容较多，选择骨骼型的布局方式，能够对这些信息非常有条理地进行表达。
3. 在该网页中还有黄色、绿色和青色作为点缀色，这样的搭配让画面显得更加具有活力。

CMYK=0,64,39,0 RGB=253,127,127
CMYK=0,22,10,0 RGB=254,218,218
CMYK=28,93,85,0 RGB=189,50,50
CMYK=62,54,51,1 RGB=117,116,116
CMYK=7,28,90,0 RGB=250,198,0
CMYK=7,28,90,0 RGB=250,198,0
CMYK=51,0,52,0 RGB=130,227,156

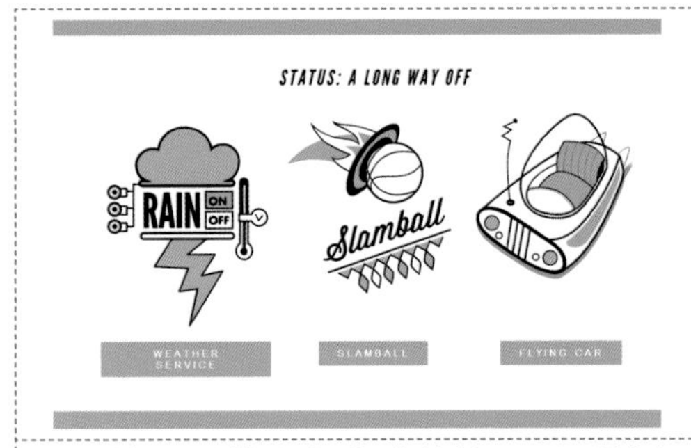

该网页的配色十分简约，画面以白色为背景，青色与黑色的矢量风格插画给人一种率性、张扬的视觉感受。整个画面分为三栏，整体造型简约，一目了然。

CMYK=100,100,100,100 RGB=0,0,0
CMYK=67,0,45,0 RGB=13,213,178
CMYK=0,0,0,0 RGB=255,255,255

这是一个企业网站，淡青色的配色给人一种清新、理智的感觉。企业的网站应该表现出一种稳重、积极的视觉印象，采用骨骼型的布局可以很好地突出这一主题。

CMYK=48,32,32,0 RGB=150,162,165
CMYK=53,8,19,0 RGB=127,199,213
CMYK=60,16,6,0 RGB=103,184,229
CMYK=0,0,0,0 RGB=255,255,255
CMYK=20,2,7,0 RGB=215,237,241

网页设计的视觉流程——散点视觉流程

散点视觉流程是指图与图、图与文之间自由分散地排列，呈现出无序、感性、个性的形式。这样的阅读过程常给人以活跃、自在、生动有趣的视觉体验。

散点视觉流程在页面编排中，要注意视觉元素之间的风格或表现要具有共同特点，以确保页面效果的统一。

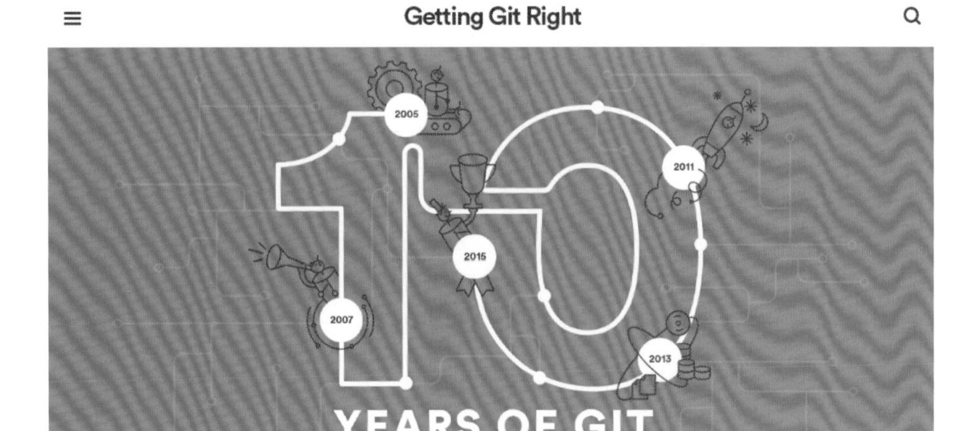

配色方案

网页设计赏析

4.2 网页版面设计的常用技巧

优秀的网页版式能够通过各种造型元素、色彩、纹理、空间的层次和布局去表现网页的外观，使其产生和谐且具有视觉冲击力的效果，从而引起访客的注意，并对网页产生浓厚的兴趣。在对网页进行设计的过程中，可以通过一些技巧，让布局更加合理，让信息传递更加精准。

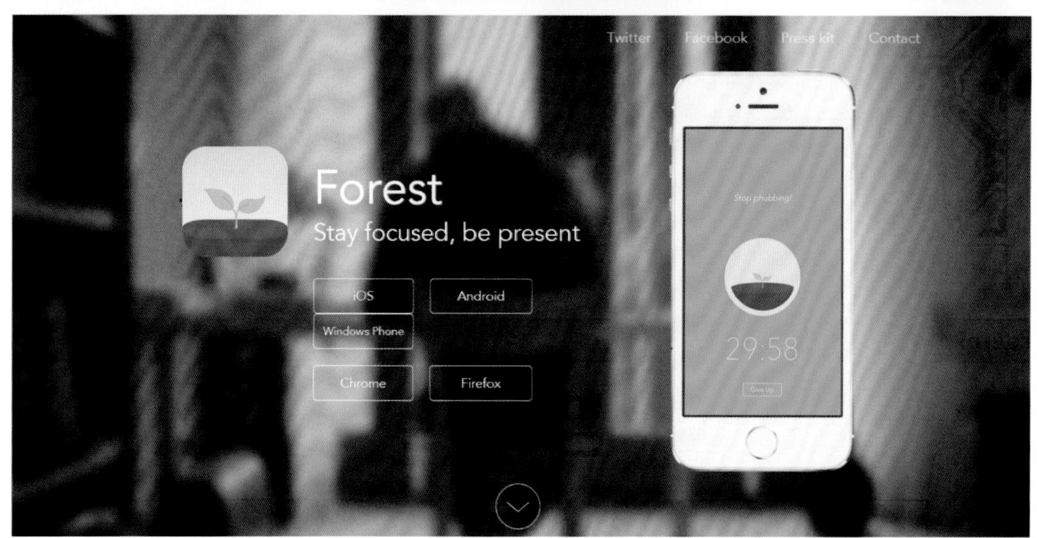

4.2.1 对比技巧

对比是把具有明显差异、矛盾和对立的双方安排在一起，形成一种反差效果。如果画面中没有对比，那么访客的注意力就会迷失在网页中，找不到重点。在网页设计中，可以通过图片、颜色和字体来形成对比。

1. 图片反差

对于这个时代而言，图片变成了一种新的阅读内容。图片面积大时，画面效果活泼；图片面积小时，画面效果严肃。根据网页的内容去设定图片的面积，可以得到一种反差效果。

在该网页中，我们首先看到的就是位于图像中央的手机图案，因为它比其他图案的位置明显，而且面积也较大，所以这种反差让它更容易被访客注意到。

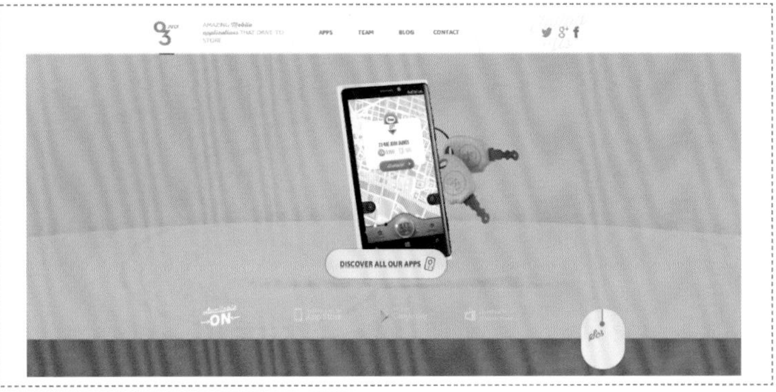

2. 颜色反差

颜色是网页的第一视觉印象，利用颜色的反差让画面形成对比，让主题突出，形成视觉层次。颜色的反差可以是色相上的反差、颜色明度的反差、颜色面积的反差等。

看到该网页，我们首先会注意到有彩色的图像，这是有彩色和无彩色的对比效果，而且有彩色的图片面积较大，这也使得它能够更加引人注目。

3. 字体反差

每一种字体都有自己不同的性格特点，所以在使用时，要根据其形象的特质进行编排。如果要制作出反差效果，那么就该避免不同信息等级使用同样的字体和字号，不然会使信息混淆，让信息传递效果变得模糊。

在该网页中，标题文字的字形为手写体，字形流畅、豪放，给人一种很洒脱的视觉感受。而下方的段落文字则整齐、规范，这就形成了一种字体反差效果。

4.2.2 重复技巧

重复的视觉元素有强调的作用，可以给用户带来一种有组织、一致性的体验。网页中元素的重复可以使页面内容显得连贯，有助于提升品牌形象。重复的视觉流程适用于一些份量相同、信息等级相同的视觉元素，例如介绍一组产品、系列事物等。

在网页中，每样商品都占据一栏，每一栏的大小、版式都相等，这就是一种重复效果。重复的效果给人一种整齐、清晰、有条理的视觉印象。

4.2.3 分类技巧

把网页中的内容进行分类，然后进行重组，这对整个网页的信息优化是非常重要的。掌握分类的技巧，可以让网页中的信息更加明确，让访客更容易掌握这些信息。

该网页利用网页布局方式对繁杂的信息进行归类，主要信息占据大面积的页面，其他信息占比较小。这样将信息分类，有层级地进行排列，可以让画面更具条理性。

4.3 旅游主题网页设计

4.3.1 设计说明

效果说明：

该网页采用青色为主色调，以蓝色、绿色为辅助色，以红色为点缀色，整体突出了活力、阳光的个性。网站风格简单统一，能够让大多数访客接受。网页中的内容结构和布局非常清晰，能够让访客方便快捷地获取所需信息，实用性较强。

商家要求：

- ◆ 从用户的角度去设计网页的布局，能够让访客轻松、全面地浏览网页中的内容。
- ◆ 整体布局简单实用，有利于访客的浏览。
- ◆ 能够将旅游项目清晰分类，着重介绍主打产品。
- ◆ 整体效果要清新、自然，突出主题。

解决方案：

◆ 设计者将网页制作成时下较为流行的长网页，通过滚动鼠标中轮去翻动网页，可以省去用户寻找选项的时间，便于用户使用。

◆ 骨骼型的布局方式条理非常清晰，在每一栏中都有属于自己的专题。

◆ 作品整体色调能够让人联想到自然、阳光、放松、自由的感觉。红色的点缀色用在了小标题、按钮的位置，在白色的背景衬托下，显得非常醒目。

4.3.2 不同布局方式解析

通栏型布局	分　析
 同类欣赏：  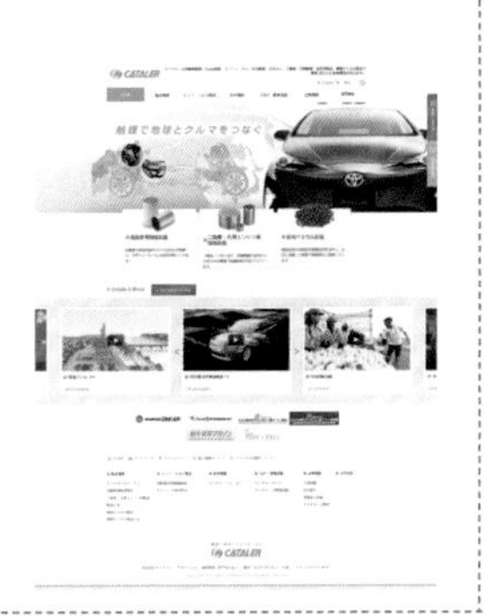	● 该网页采用通栏型的布局方式，这种方式采用由上至下横向排列，整体结构清晰。 ● 在如今的宽屏时代，通栏型的布局方式应运而生，这种布局方式的特点是布局开阔、大气，在细节上有了更多的灵活性。 ● 网页以青色为主色调，将这种色调应用在旅游主题网页设计中，代表着自然、清新、自由。 ● 网页的 Banner 采用整幅大图作为主体，通过图形语言去宣传景区特点，这样的做法更具说服力，也更有代入感。

拐角型布局	分　析
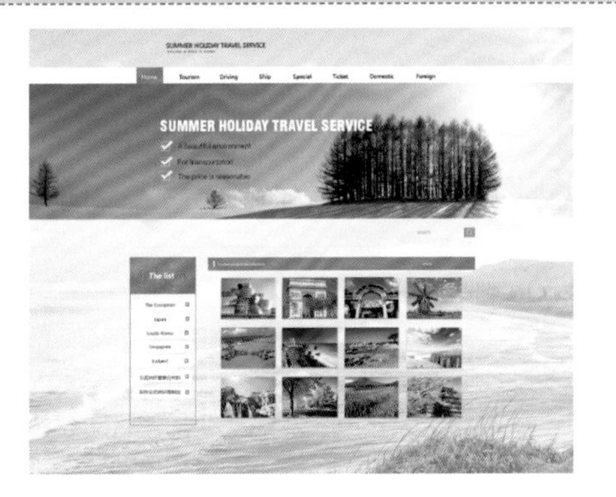 同类欣赏：  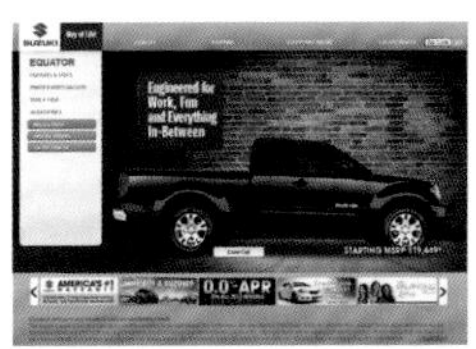	● 该网页采用拐角型的布局方式，网站顶部为网站标志、导航栏，接着是网页的 Banner，下方为网页中的主要内容。整体条理清晰，网页内容信息量较大。 ● 网页以青色为主色调，青色的 Banner 和淡青色调的背景在色相上形成呼应，在明度上形成对比，整体效果和谐、统一。 ● 网页以图像为背景，选择图像为背景能够让网页看上去内容丰富、层次分明。但是处理不好会让画面效果显得凌乱，没有主次。在该网页中，通过降低图像纯度的方法将前景凸显出来。

口字型布局	分　析
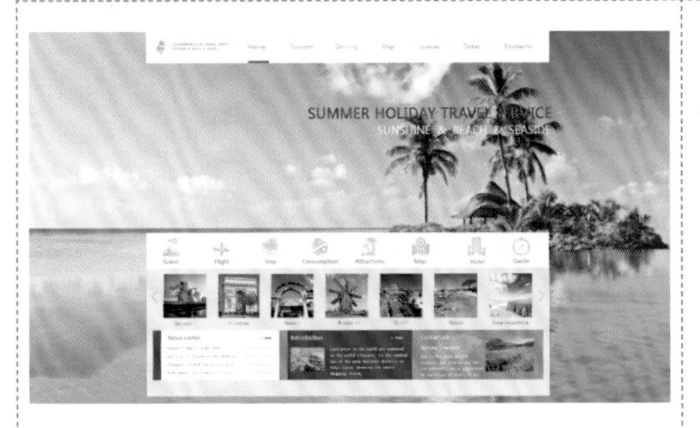 同类欣赏：  	● 该网页采用口字型的布局方式，将网页中的主要内容集中在一起，信息量较大。 ● 在该网页中，导航栏和主要内容之间有较大的距离，从而减轻了内容过于紧凑的压迫感。 ● 网页以风景图片作为背景，这样的设计既能丰富画面的内容，又增加了网页的层次感。 ● 网页中使用了大量的图标按钮和图像按钮，这样的应用可以让页面内容更好理解，从而增加了网页的灵活性。

封面型布局	分　析
 同类欣赏：  	● 这是网站的首页，网页中以精美、高清的图片作为背景，整体给人一种大方、舒展的感觉。 ● 网页追求一种简单、清新的感觉，导航栏造型简约，与整个页面的风格相呼应。 ● 网页中阳光、沙滩、海浪这些美景引人产生遐想。 ● 网页整体以青色为主色调，搭配上白色的导航栏，整体上给人一种干净、清爽的视觉感受。

4.3.3 其他旅游网站布局解析

	该网页为海报型布局方式，网页以高清的大图作为背景，富有意境的图片通过透视关系给人很强烈的代入感。

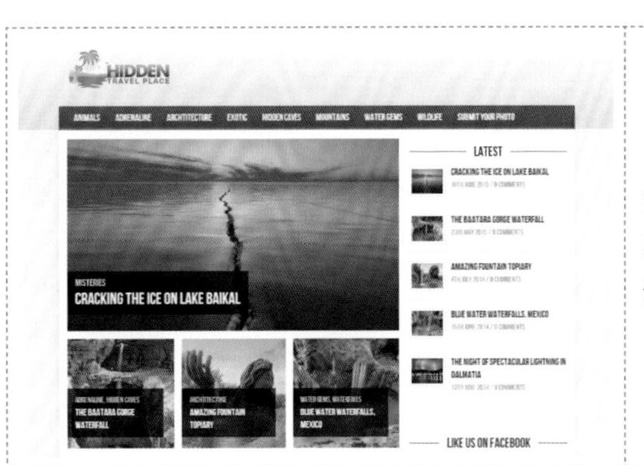

网页中文字信息较多，采用拐角型的布局方式可以容纳更多的文字信息，同时可对内容进行分类，让页面信息更具有条理性。

该网页虽然为口字型的布局方式，但是为了避免主体内容过于拥挤，图片在边缘做了虚化处理，给人一种视觉上的延伸感。

该网页为骨骼型布局方式，给人的第一感受是整齐、井然有序。排列整齐的图案和按钮，让访客在浏览网页时，能在第一时间找到相应的信息。

4.3.4 同类网页欣赏

GLAMPING HUB
TYPES OF GLAMPING
DESTINATIONS
COLLECTIONS
BUY GIFT CARD
BLOG
$
Log in
Explore wildly
BOOK A UNIQUE OUTDOOR ACCOMMODATION NOW
Location
Check-In
Check-Out
2 GUESTS
Explore
FIVE-STAR REVIEWS AGAIN AND AGAIN
90% of our accommodations are rated four stars or higher.
"10 out of 10 stars. Amazing location."
-Cory from California
TRULY UNIQUE
Each property on Glamping Hub is carefully handpicked, creating a beautifully curated collection.
"This place is absolutely amazing!"
-Kathy from New York
BE ONE WITH NATURE
"The description perfectly matched reality. It was perfect for what I was looking for--beauty, peacefulness, solitude--all in a magical setting."
-Tariq from California
DISCONNECT
"We have found an oasis here from the craziness of the world. A great location to disconnect from the 21st century."
-Elizabeth from British Columbia

Book a Suite
Book a Table
Subscribe to Newsletter
Gallery
Johannesburg
City Tours
Art Collection
Events
Dining Experiences
Restaurants and Bars
The Spa
Villa, Suites and Rooms
The Hotel
Menu
Info
Connect
Contact
Exclusive Promotions
Share

lonely planet
DESTINATIONS
INSPIRATION
SHOP
THORN TREE FORUM
BOOKINGS
INSURANCE
JOIN
or
SIGN IN
BEST IN THE US
Our most unexpectedly exciting places to see in the United States in 2016
LEARN MORE

不同行业的网页色彩搭配

网络世界和现实世界一样五光十色、绚丽缤纷，访客对网页的第一印象往往来自于色彩。而网页颜色的选择，通常源自于设计者对行业的认知和对生活经验的总结。针对不同行业，有着不同的选择标准，它是有规律可循的。在网页的色彩搭配上，可以遵循以下几点原则。

（1）色彩的代表性。

在网页中，必须有一种或一类颜色可以去传递网页的主旨和精神，这样才能让网页的主题突出。例如，用蓝色体现科技型网站的专业，用粉红色体现女性的柔情等。

（2）色彩的独特性。

虽然不同行业的色彩选择是有规律可循的，但打破常规的颜色往往会形成一种独特的风格，使访客眼前一亮，从而留下深刻的印象。

（3）色彩的艺术性。

网页设计也是一项艺术创作，在考虑网页自身特点的同时，进行大胆的艺术化创新，才能设计出一个既符合主题，又充满艺术品位的网页。

（4）色彩的鲜明性。

一个具有鲜明色彩的网页设计，才能引起访客的注意，给人耳目一新的视觉感受。

5.1 服饰类网页设计

作为商业网站，服饰类的网页设计就是要将商品展示给用户，刺激他们的购买欲望。所以，对于服饰类的网页设计，最重要的一点是将商品最完美的一面展现出来。这就需要通过网页的色彩、网页的布局进行体现。通常在网页颜色的确定中，会根据服装的定位进行选择。例如，服装针对年轻人时，在网页的配色上可以选择鲜艳、亮丽的颜色；针对中年人时，可以选择一些柔和、理性的颜色。还可根据网页的布局方式去选择网页的配色，例如，网页的布局方式较为多元化时，可以选择对比色或互补色的配色方案；而布局方式较为简约时，则可以选择单色配色或类似色的配色。

5.1.1 活泼风格的网页设计

活泼风格的服饰网站大多针对年轻人，所以在布局和颜色的选择上都要标新立异。通常会选择亮丽的颜色，在布局方式的选择上也力求形式新颖、内容丰富，这样才能够赢得年轻人的喜爱。

设计理念：该网页为“口”字型的布局方式，将所有的内容都集中在一个窗口之中。这种布局方式可以将用户的视线集中在一处，非常有针对性。

色彩点评：在该页面中采用了一种纯度对比的方式进行配色，背景处的风景图片为灰色调，所以可以将前景中的绿色突出，达到一种对比效果。

①这是一个户外服装的网页，所以在颜色的取舍上选择了蓝色、绿色等这样来自自然的颜色。

②因为该网页中的内容比较少，所以才用“口”字型的布局方式，不会拥挤。

③红色的网页标志与绿色也形成了一种颜色对比。

CMYK=22,8,6,0 RGB=208,224,236
CMYK=61,0,47,0 RGB=94,205,166
CMYK=13,95,96,0 RGB=225,37,27
CMYK=12,9,9,0 RGB=230,230,230

在该网页中，整体颜色是比较干净、清爽的，搭配上红色、青色的点缀色，让整个画面显示出年轻、朝气的感觉。

CMYK=11,88,48,0 RGB=229,61,96
CMYK=58,13,33,0 RGB=114,186,183
CMYK=72,8,19,0 RGB=4,185,216
CMYK=4,74,55,0 RGB=242,102,94
CMYK=19,18,27,0 RGB=216,209,189
CMYK=0,0,0,0 RGB=255,255,255

该网页所销售的商品为冬装，深色调可以给人一种厚重、踏实的感觉，所以背景色选择了灰色。在前景中，广告图片的背景为高明度的色彩，这不仅能够很好地凸显商品，还能增加颜色的对比效果，让画面效果更加丰富多彩。

CMYK=26,77,67,0 RGB=202,90,78
CMYK=10,23,66,0 RGB=241,206,103
CMYK=6,7,11,0 RGB=243,239,230
CMYK=73,69,69,31 RGB=74,69,65

5.1.2 极简风格的网页设计

极简风格是一种简单到极致的设计风格，它追求视觉上的简约整洁，有着自己独特的品位。极简风格不是“无”，而是一种“以少胜多”。极简风格摒弃一切无用的细节，保留最本真、最纯粹的部分。这种风格通常会采用“留白”的手法去突出主体，在布局方式上也干净、利落，不拖泥带水。

设计理念：该网页采用极简风格的设计方式，简约的构图方式给用户一种清爽、简洁的用户体验。

色彩点评：该网页以白色作为主色调，以红色和亮灰色作为点缀色，这两种不同感觉的颜色搭配在一起，给人一种优雅、娴静的感觉。

1. 在该网页中，红色代表女性的活泼，灰色代表女性的优雅。
2. 网页内容虽然简约，但是网页细节且非常丰富，例如文字字形变化，可爱的心形图标等。
3. 对于页眉的处理，网页采用图片的形式，并在下方制作出不规则的边缘效果，是整个画面的亮点所在。

CMYK=4,74,55,0 RGB=242,102,94
CMYK=0,0,0,0 RGB=255,255,255
CMYK=23,18,17,0 RGB=204,204,204
CMYK=68,17,10,0 RGB=62,176,223

这是一个女装网站，以白色为主色调，整个画面给人的感觉是干净利落的。白色代表“静”，人物代表“动”，这样以静衬动的方式，可以让画面内容更加丰富。

CMYK=77,70,67,33 RGB=63,65,66
CMYK=7,4,0,0 RGB=241,244,251
CMYK=0,0,0,0 RGB=255,255,255

在该网页中，以白色作为主色调，利用极简化的构图摒弃琐碎的内容，去繁就简，以获得更简洁明快的空间。

CMYK=88,55,81,22 RGB=26,89,67
CMYK=76,70,67,33 RGB=65,65,65
CMYK=2,61,82,0 RGB=247,133,47
CMYK=30,16,14,0 RGB=190,204,213
CMYK=0,0,0,0 RGB=255,255,255

网页设计的流行趋势——简单的配色

配色简单的网页设计通常使用一种明亮和干净的颜色作为背景颜色，给人一种简约、利落的感觉。而且这样的设计方法，通常内容精巧、简练，主题非常突出。

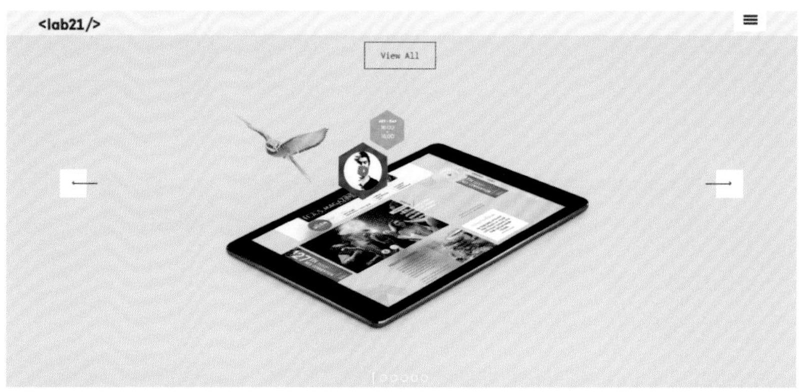

配色方案

双色配色

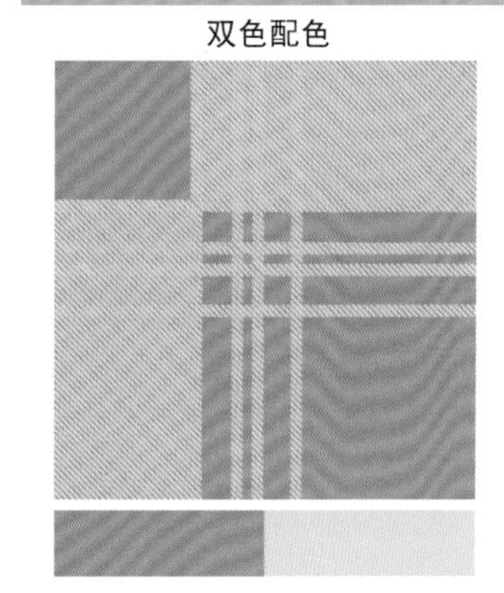

三色配色

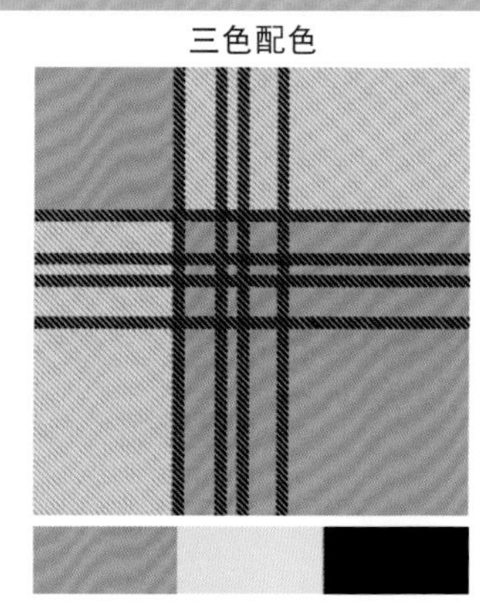

四色配色

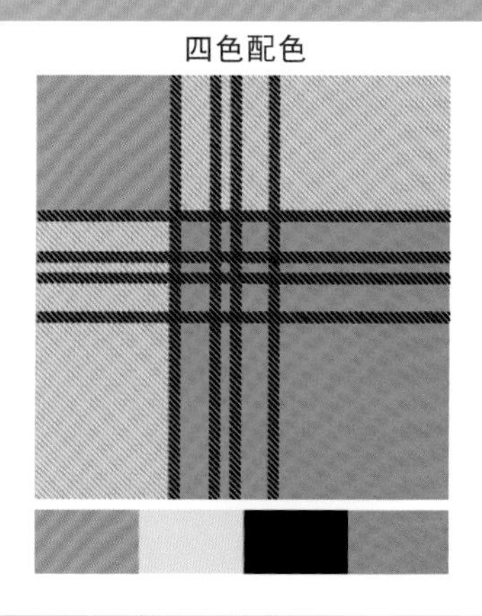

服饰类网页设计赏析

5.2 美容、护肤类网页设计

关于美容、护肤类的网页设计，主要针对的访客是女性，所以在设计的过程中要重视女性的心理。女性是一个多姿多彩的群体，在网页设计中，要尽量体现出现代女性热爱生活、展现自我的一面。在网页配色的选择上，一方面要配合商品的颜色，另一方要能体现出女性性格，例如彩妆网页适合选择颜色艳丽、视觉冲击力强的颜色，护肤品适合较为柔和、清澈的颜色，这样才能体现出呵护、保养。

5.2.1 浪漫风格的美容、护肤类网页设计

浪漫风格的网页通常色彩轻柔，颜色明度较高，纯度较低。这样的色彩搭配通常给人一种非常柔软、浪漫的感觉，访客人群可以定位于少女、轻熟女。

设计理念：该网页为网站的首页设计，网页中四位美丽的模特非常具有吸引力，她们或可爱、或调皮、或性感，非常契合彩妆这一主题。当用户打开网页后，会有一种开门见山的感觉，忍不住地想去深入了解网站的内容。

色彩点评：在该网页中，浅灰色和瓷青色的搭配形成一种非常温柔的色彩氛围。

①网页中，洋红色作为点缀色，体现出女性美丽、细腻的一面。

②该网页给人的第一印象是非常饱满的，这种饱满主要来自于广告，其中，网页主要的信息位于网页的底部，虽然内容较少，但是针对性较强。

③网页中，文字的排版也非常重要，例如在该网页中，标题文字大而明显，且具有变化。

CMYK=7,6,7,0 RGB=241,240,238

CMYK=27,2,17,0 RGB=199,230,222

CMYK=16,97,21,0 RGB=222,1,122

CMYK=20,28,8,0 RGB=212,192,211

该网页为网站的首页，丰富的画面内容，给人一种充实、饱满的印象。画面色调干净、素雅，几抹淡淡的绿色和粉红色，给页面增添了几分浪漫之感。画面中代言人手持商品，广告的诉求效果非常强烈。

CMYK=71,32,100,0 RGB=87,144,24

CMYK=77,83,89,69 RGB=36,21,14

CMYK=15,56,89,0 RGB=226,136,38

CMYK=3,2,0,0 RGB=249,250,254

该网页整体为粉色调，这种淡雅的颜色给人一种浪漫、清新的感觉。该网页为单色调的配色方案，通过同色系的颜色变化，营造了一种优雅、温馨的格调。

CMYK=45,77,40,0 RGB=163,85,116

CMYK=13,10,7,0 RGB=227,228,233

CMYK=70,69,59,17 RGB=91,80,86

CMYK=70,69,59,17 RGB=91,80,86

5.2.2 典雅风格的美容、护肤类网页设计

典雅风格通常耀眼而不妖媚，庄重而不暗沉，象征着高端、品味。这类风格通常能够展现出构建美好生活的积极态度。

设计理念：在该网页中，将商品摆放在网页的中心位置，然后利用圆形的框将商品围住，使视觉集中到商品中。

色彩点评：该网页整体采用金色调，象征着光荣、华贵、辉煌、财富，是一种性格刚烈而外向、刺激性很强的颜色。

❶金色调的网页颜色不仅与商品的颜色相呼应，而且给人一种奢华、高端的感觉。

❷该网页采用“口”字型的布局方式，将网页的内容集中在窗口中，给人一种充实的感觉。

❸“口”字型的布局方式很容易显得拥挤，但是在该网页中，背景利用颜色的变化制作出了空间延伸的感觉。

CMYK=22,22,50,0 RGB=213,198,141

CMYK=4,4,24,0 RGB=251,245,209

CMYK=27,39,87,0 RGB=204,163,51

CMYK=67,68,90,37 RGB=81,67,40

该网页非常直观地表达了这是一个美发主题的网页设计，该网页虽然深颜色占据了大面积，但是脸部的高亮度让画面颜色不会显得昏暗。

CMYK=60,69,70,18 RGB=113,82,71

CMYK=70,75,82,49 RGB=65,48,38

CMYK=91,87,87,78 RGB=4,4,4

CMYK=0,25,24,0 RGB=254,210,189

In unserem Kosmetikstudio bieten wir sorgfältig ausgewählte und individuelle Kosmetikbehandlungen für Körper, Gesicht, Hände und Füsse

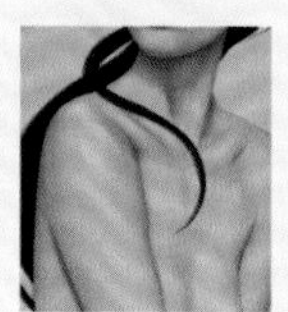

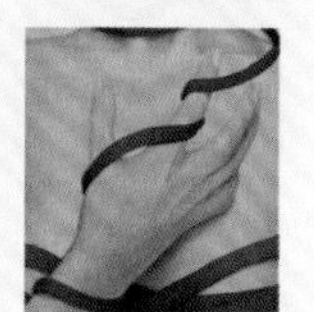

这是一个美容美发的网页设计，灰色调的配色给人一种典雅、亲切的感觉。简约的构图方式能够让用户迅速地了解信息。

CMYK=7,4,9,0 RGB=242,244,237

CMYK=15,34,37,0 RGB=224,182,156

CMYK=91,87,87,78 RGB=4,4,4

CMYK=74,72,77,44 RGB=62,55,47

网页设计的流行趋势——背景模糊

背景模糊其实就是一种景深效果，该设计方式通常会将一张模糊的图片作为背景，这样前景中的信息就被突出出来。而且会让整个画面非常有空间感，能够烘托出网站所要给用户传递的氛围，也能够更加突出产品或者人物本身的特质。

配色方案

双色配色

三色配色

四色配色

美容、护肤类网页设计赏析

5.3 食品类网页设计

食品类的网站设计主要是能够从网站的色彩去揭示网站的主题，让用户通过网站的色彩就能基本上感知或者联想到网站的主题。食品类网页设计最重要的特点，是让食品看上去十分美味可口，从而激发人们的食欲。

5.3.1 写实风格的食品类网页设计

颜色对人的心理有刺激性的作用，从颜色的特征上来看，蛋糕点心类多以金色、黄色、浅黄色给人以香味袭人的印象；茶、啤酒类等饮料多用咖啡色或绿色类，象征着茶的浓郁和芳香；西瓜汁、苹果汁多用红色，这种颜色能表现出可口、香甜的口感；冷饮食品的包装采用具有凉爽感和冰雪感的蓝、白色，可突出食品的冷冻和卫生。

设计理念：该网页为标题正文型的网页布局，网页中以食物作为视觉中心，左侧为重要的文字信息，简单明了的布局方式让用户一目了然。

色彩点评：红色是非常刺激的颜色，对食欲同样具有刺激性的作用。该网页以红色为主色调，可以激发访客的食欲。

1. 网页中少量的黄色与主体颜色形成鲜明的对比。
2. 该网页采用单色调的配色，以红色为主色调，利用深红色作为点缀色，网页中同色系的颜色变化形成了空间的层次感。
3. 作为食品类的网页设计，图片的选择是非常重要的。图片一定要最能展现出食品美味、可口的一面。

CMYK=46,100,100,18 RGB=146,0,0

CMYK=11,98,100,0 RGB=230,0,0

CMYK=61,100,100,59 RGB=70,0,2

CMYK=5,36,77,0 RGB=249,184,67

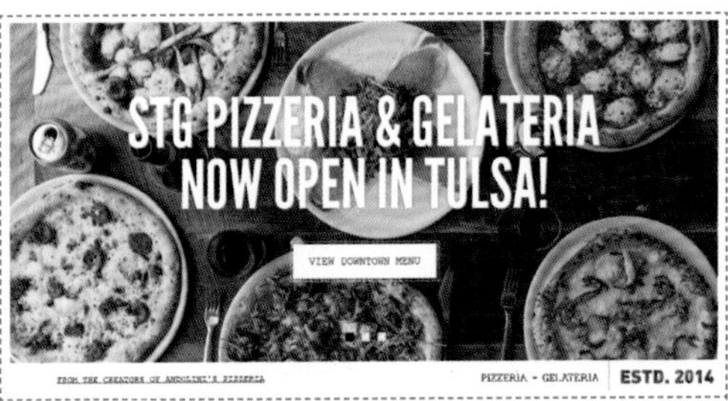

该网页以大图片为背景，此图采用俯视图的方式进行拍摄，这样的视角给人一种截然不同的视觉体验。

- CMYK=54,74,98,25 RGB=119,71,35
- CMYK=0,0,0,0 RGB=255,255,255
- CMYK=72,58,100,24, RGB=81,89,20
- CMYK=72,58,100,24 RGB=81,89,20
- CMYK=40,88,100,5 RGB=171,61,22

该网页以淡咖啡色为主色调，这种颜色不仅能联想到巧克力的香醇、丝滑、香甜的口感，还与食品的色调相呼应。

- CMYK=81,86,86,73 RGB=27,13,11
- CMYK=0,0,0,0 RGB=255,255,255
- CMYK=41,62,74,1 RGB=171,113,76

5.3.2 清爽风格的食品类网页设计

清爽风格的网页通常颜色干净、素雅，能够让有限的平面空间显示出无限大的感觉。清爽风格的食品网页设计最大的好处在于能够以很纯粹的方式去展示食物，让访客在不受外界影响的情况下去了解网站中的内容。

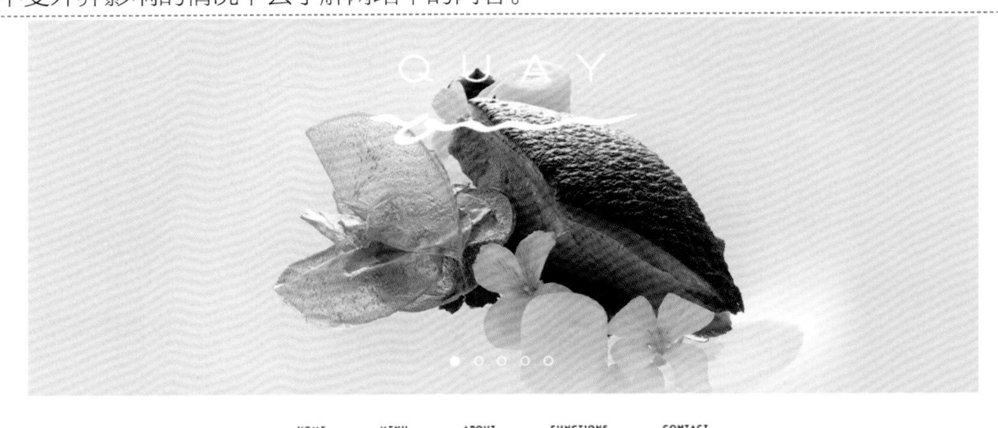

设计理念：在该网页中，最顶端为食品的图片，这种方式可以让用户更加直观地了解网站的内容。

色彩点评：该网页以白色为主色调，然后搭配上灰色调的图片，这种高明度且对比度较弱的色彩，给人一种轻柔、清爽的视觉印象。

1. 网页的色彩简单而清新，清爽而明亮，令人赏心悦目。
2. 网页中大面积的留白，让用户的视线更加集中。
3. 简约风格的网页布局，让用户使用起来更加方便。

- CMYK=16,8,2,0 RGB=221,229,242
- CMYK=12,16,40,0 RGB=234,218,167
- CMYK=38,74,60,0 RGB=177,92,91
- CMYK=81,79,62,35 RGB=56,52,66

该网页以白色为主色调，以红色为点缀色，整体呈现出简约、清爽的感觉。这样的配色能够非常完美地展现出食物的特点。

CMYK=16,99,94,0 RGB=221,6,31

CMYK=9,12,81,0 RGB=248,224,56

CMYK=0,0,0,0 RGB=255,255,255

该网页以纯白色为主色调，以藏青色为点缀色，这样颜色的反差让彩色更加突出，更方便用户的使用。

CMYK=98,93,46,13 RGB=30,47,95

CMYK=18,14,13,0 RGB=216,216,216

CMYK=11,14,19,0 RGB=232,221,207

CMYK=0,0,0,0 RGB=255,255,255

网页设计的流行趋势——强调字体

文字既是语言信息的载体，又是具有视觉识别特征的符号系统。它不仅传递信息，也具有情感诉求。网页中以强调字体的方式去进行设计，可以给人不同的视觉感受和比较直接的视觉诉求力。

配色方案

双色配色

三色配色

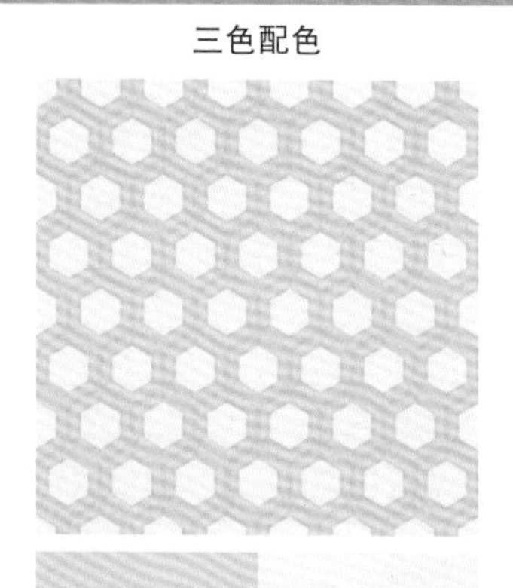

四色配色

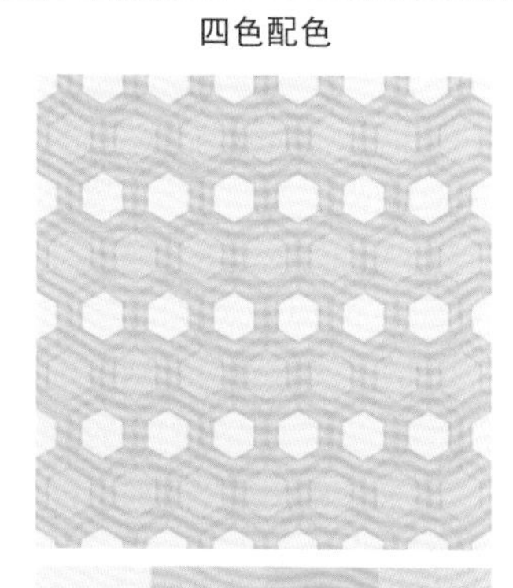

食品类网页设计赏析

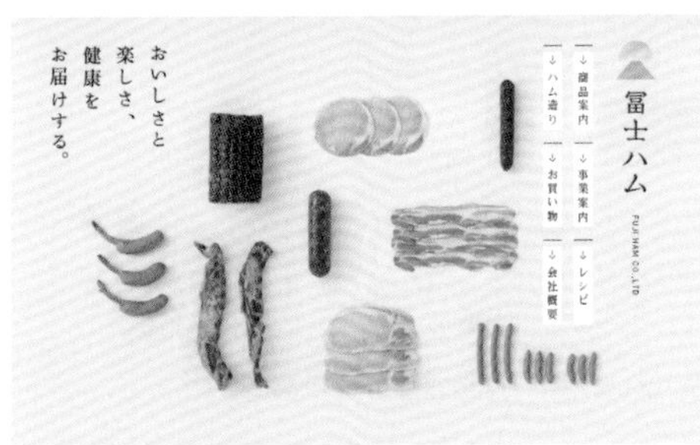

5.4 数码类网页设计

数码是时代的产物，所以数码类的网页设计通常要表现出科技、严谨、理性的效果。在数码类的网页设计中，通常将产品领先的科技作为第一诉求，并按照视觉心理规律和形式将主题主动地传达给访客。数码类的网页设计在颜色上是有规律可循的。如果要表现出科技的领先可以选择蓝色、青色、黑色或者灰色；如果产品在定位上比较年轻化，也可以选择粉色、黄色、红色等色调。设计此类网页，要求设计者能够单纯、简练、清晰和精确。在强调艺术性的同时，更应该注重通过独特的风格和强烈的视觉冲击力，来鲜明地突出设计主题。

5.4.1 理性风格的数码类网页设计

说到科技，不难联想到缜密的思维、精巧的做工、高端的技术，这些内容都是非常理性的。理性的色彩通常有青色、蓝色、黑色、灰色、白色。对于理性风格而言，它不会选择过于花哨的颜色，也不会让画面颜色的对比非常明显，通常会选择单色配色方案、类似色配色方案。

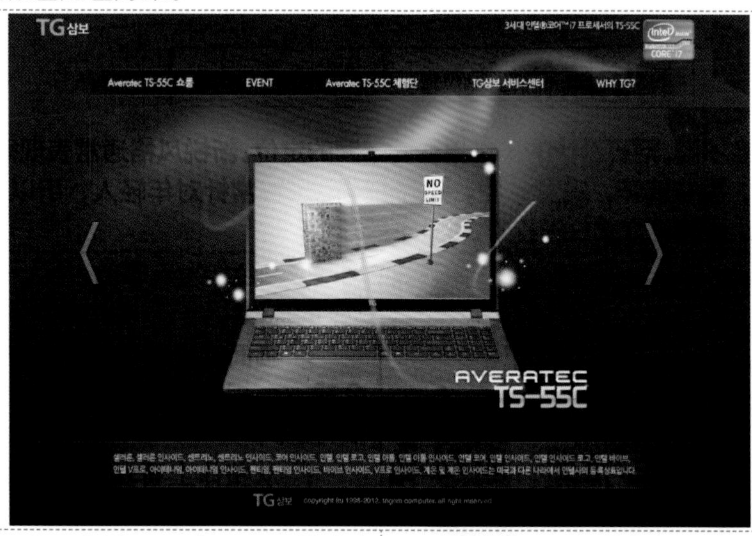

设计理念：在该网页中，网页的内容相对较少，商品占据页面的大部分，这样的目的是能够以最直白的方式宣传商品。

色彩点评：蓝色或者青色调是科技的代表颜色，通常会给人一种高端、严肃的视觉印象。

❶该网页为低明度色彩，颜色由藏蓝到青色的颜色变化，给人一种视觉上的流动感。

❷网页中，青色的光线装饰并围绕着商品，让画面看起来更加灵动。

❸网页中的色调较暗，白色的文字可以让信息更好地表达。

CMYK=88,83,83,73 RGB=15,15,15

CMYK=95,82,52,20 RGB=24,58,88

CMYK=72,16,5,0 RGB=16,176,234

CMYK=12,5,5,0 RGB=230,238,241

该网页给人的第一印象就是朴素，没有过多的颜色，也没繁杂的装饰。在朴实无华的色彩衬托下，前景中的商品非常突出。

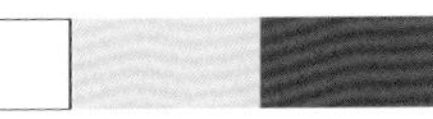

CMYK=0,0,0,0 RGB=255,255,255

CMYK=13,10,10,0 RGB=228,228,228

CMYK=25,87,100,0 RGB=204,66,12

CMYK=16,6,0,0 RGB=222,235,254

黑色应用在科技类网页中，通常象征着高端、品质。该网页就以黑色为主色调，商品利用光影的变化，且在黑色背景的衬托下，显得非常有质感。

CMYK=0,0,0,0 RGB=255,255,255

CMYK=42,30,32,0 RGB=163,169,166

CMYK=100,100,100,100 RGB=0,0,0

5.4.2 新锐风格的数码类网页设计

根据访客不同,网页设计的风格也会有不同的定位。新锐风格通常表现得不同凡响，能打破陈规，振奋精神，焕发激情。因为这类网站通常针对年轻人，所以在设计中要以一种创新、有趣地方式展示出来。

设计理念：首先，这是一个定位于年轻人的网站，插画风格的网页设计充满了欢乐、朝气的气氛。

色彩点评：该网页以白色为主色调，以灰色作为辅助色，可以达到一种色彩的平衡，然后以洋红、黄色、青色这样活泼的颜色作为点缀色，给人一种欢乐、兴奋的感觉。

❶画面中通过多个图像的相互堆叠，合成一个相机的形象，这种方式看起来很有趣。

❷从整体上看，网页的色彩是非常干净的，以白色为主色调，将彩色反衬得更加鲜明。

❸在画面中，主体图形周围有很多的图形元素，它们利用颜色、大小的变化去衬托主体的同时，也丰富了整个画面的内容。

CMYK=9,7,7,0 RGB=237,237,237

CMYK=8,92,19,0 RGB=236,38,128

CMYK=64,19,5,0 RGB=86,176,228

CMYK=5,25,87,0 RGB=254,204,21

网页中利用图形拼贴的方法制作了背景，这种方式能对有限的画面空间充分利用。前景中半透明的文字拉开了它与背景图形的距离，使文字部分更加突出。不仅如此，这种半透明的图像可以给人一种通透感，使画面看起来不那么沉闷。

CMYK=3,3,3,0 RGB=248,248,248
CMYK=8,92,87,0 RGB=234,47,38
CMYK=81,85,33,1 RGB=80,65,122
CMYK= 81,85,33,1 RGB=80,65,122

在该网页中，对背景做了模糊处理，这种被模糊的图像给人一种空间的拉伸感。而且利用这种模糊的背景，前景中的主要内容和文字被很好地突出出来。

CMYK=3,3,3,0 RGB=248,248,248
CMYK=3,30,85,0 RGB=255,196,37
CMYK=79,64,60,16 RGB=66,85,89
CMYK=66,15,18,0 RGB=78,179,209
CMYK=12,9,9,0 RGB=229,229,229

网页设计的流行趋势——“幽灵”按钮

“幽灵”按钮是一种透明的按钮，它的特点是“薄”而“透”，形成一种“纤薄”的视觉美感。这类按钮不设底色、不加纹理，按钮仅有一层薄薄的线框标明边界，确保了它作为按钮的功能性。这类按钮通常应用在简约式的网页设计中，它既不影响网页的整体效果，又具有功能性。

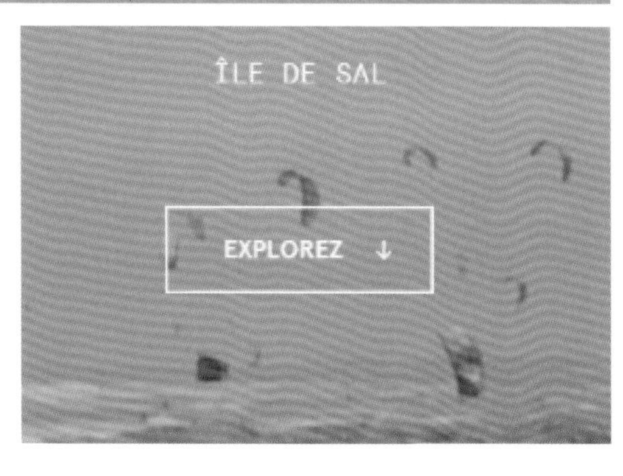

配色方案

双色配色　三色配色　四色配色

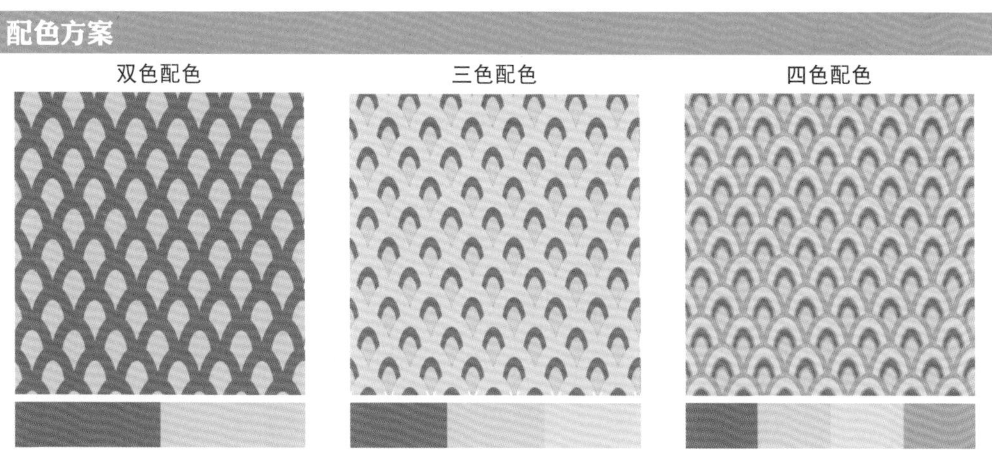

数码类网页设计赏析

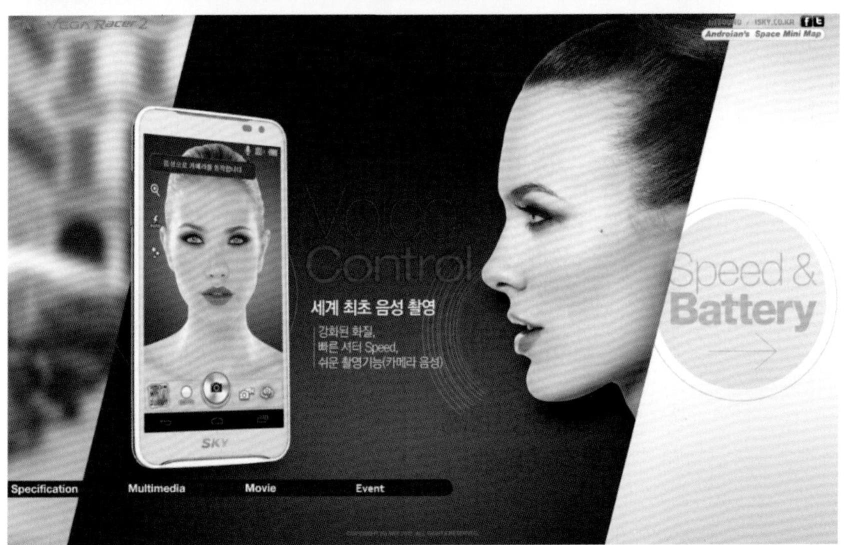

5.5 汽车类网页设计

汽车网站作为商业网站，它的首要目的是将商品推销出去。在汽车类网站中，网站的首页都会有一个磅礴大气的网页广告，通常在该广告中有对汽车款式的展示，这样做的目的，是让访客在第一时间内被网页中的内容吸引。在设计汽车类网页时，可以遵循以下几点。

（1）以图形进行展示，让访客对车的整体情况有所了解。

（2）要配合汽车的风格以及定位进行设计，以贴近消费者的审美情趣。

（3）要着重去展示产品的卖点。

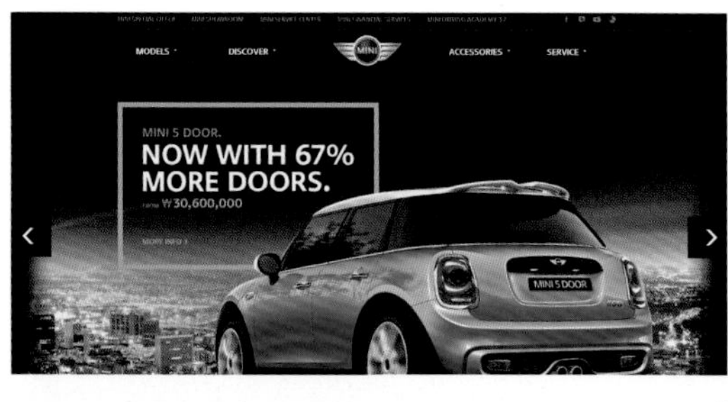

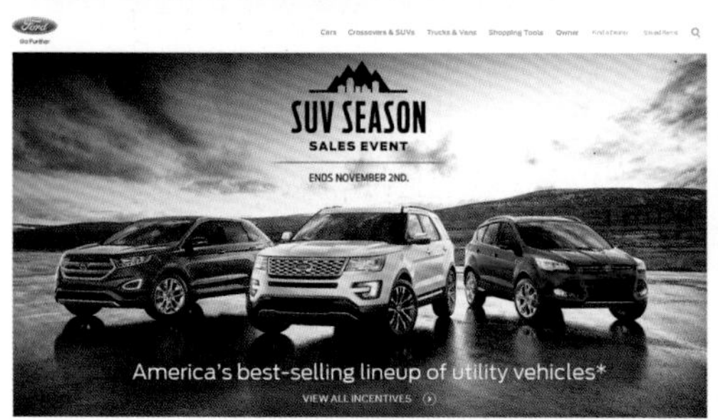

5.5.1 含蓄风格的汽车类网页设计

通常，含蓄风格的网页布局都非常简单，在颜色选择上也比较单纯，例如会选择白色、黑色、灰色等比较中性化的色调作为主色调。含蓄风格的汽车类网页通常能够给访客一种优雅、低调中带着自信的印象。

设计理念：该网页采用海报型的布局方式，外观简约，排版大胆。画面中帅气的大图也让网站的质感更加突出，给人一种自信、直接的第一印象。非常有利于树立品牌形象。

色彩点评：该网页的主色调为白色，白色是很谦卑、包容的颜色，它能衬托它以外的所有颜色。所以在该网页中，在白色背景的衬托下，网页广告变得格外醒目。

①对于简约的网页布局而言，做到“简约”容易，做到“不乏味”难，所以我们还是可以看出，该网页中细节做得是非常完善的，例如文字字体的选择、分割线的处理，都非常用心。

②网页中的广告也是色彩的来源，行驶中的蓝色汽车在夕阳的余晖中格外闪耀。

③以图形中可以看出，汽车虽在行驶过程中，但给人一种安全、稳定的心理感受，这也是介绍商品时的一个切入点。

CMYK= 19,32,43,0 RGB=218,184,147

CMYK=53,59,69,5 RGB=140,110,84

CMYK=96,87,42,7 RGB=30,58,106

CMYK=81,81,86,,69 RGB=29,22,17

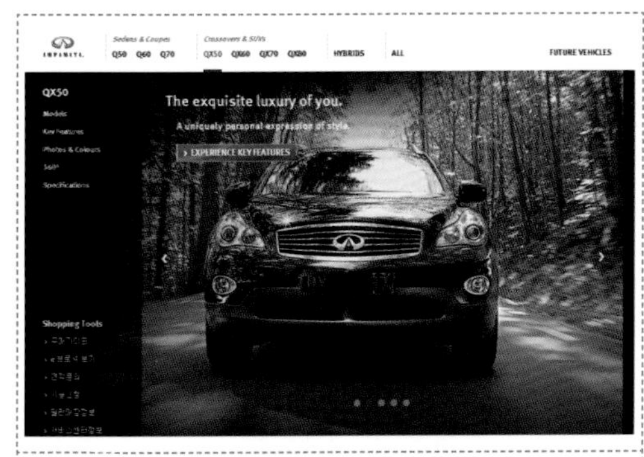

该网页采用拐角型的网页布局，不仅介绍的商品，也方便用户的使用。网页以黑色作为主色调，并以白色搭配，这样颜色明度的对比，产生了极强的视觉冲击力。

CMYK=0,0,0,0 RGB=255,255,255
CMYK=64,58,100,17 RGB=105,97,28
CMYK=65,59,58,6 RGB=108,104,100
CMYK=100,100,100,100 RGB=0,0,0

满版型的布局方式通常给人一种舒展、辽阔的感觉。在该网页中，灰色调的页眉和导航给人一种内敛、低调的视觉印象。

CMYK=82,77,75,55 RGB=39,39,39
CMYK=75,80,87,64 RGB=44,29,21
CMYK=9,38,56,0 RGB=239,178,117
CMYK=48,48,42,0 RGB=150,134,135

5.5.2 高调风格的汽车类网页设计

这里所说的高调，并不是贬义词，而是一种积极向上的情绪，是年轻、主动的情感，也是自信和张扬的态度。在汽车类的网页设计中，高调可以通过不同凡响的布局，或大胆绚丽的颜色去体现网页的高调性。

设计理念：该网页采用封面型的网页布局形式，在打开网页之初，就利用颜色和倾斜的版面给用户留下了深刻的印象。

色彩点评：该网页采用了对比色的配色方法，橙色和绿色产生了鲜明的对比效果。

❶在选择网页色调时，选择与商品为同类色的橙色，这样的搭配形成了视觉上的统一感。

❷倾斜的版面给人一种紧张、不稳定感觉。

❸在画面中，橙色为主色，绿色为点缀色，由于颜色面积的不同，所以画面既有对比，又不会显得凌乱。

CMYK=9,67,94,0 RGB=235,116,19
CMYK=32,74,100,1 RGB=191,94,15
CMYK=32,0,82,0 RGB=200,234,58
CMYK=80,75,73,49 RGB=47,47,47

作为一款颜色鲜艳的车，它时尚与霸气共存，既有男性的坚毅，又有女性的热情，是一个很复杂的存在。所以网页以灰色调作为背景颜色，这样能够通过颜色的反差去强化矛盾，引发思考。

CMYK=17,77,83,0 RGB=219,91,50

CMYK=81,76,74,52 RGB=43,43,43

CMYK=88,79,71,53 RGB=28,39,45

CMYK=57,37,36,0 RGB=127,149,154

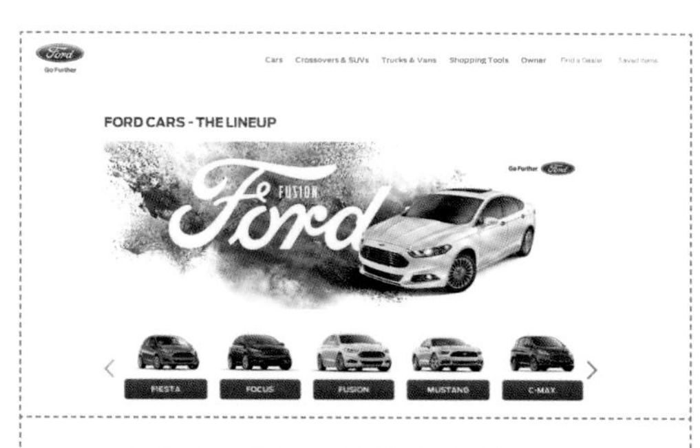

白色是干净、纯粹的颜色，在该网页中，以白色为主色调，将前景中的商品淋漓尽致地展现出来。

CMYK=0,0,0,0 RGB=255,255,255

CMYK=37,87,8,0 RGB=183,60,146

CMYK=44,98,56,2 RGB=164,34,83

CMYK=61,12,0,0 RGB=84,190,254

网页设计的流行趋势——垂直分割分布

垂直分割是将页一分为二，这种形式有对称式的，也有非对称式的。随着网页的宽度变得越来越宽，画面中用来展示信息的空间也就越来越大，将页面垂直分割分布，可以让画面内容更具条理性，信息内容更具针对性。

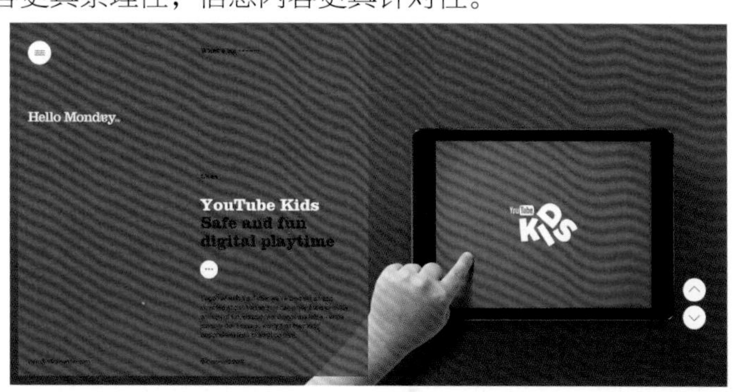

配色方案

三色配色

四色配色

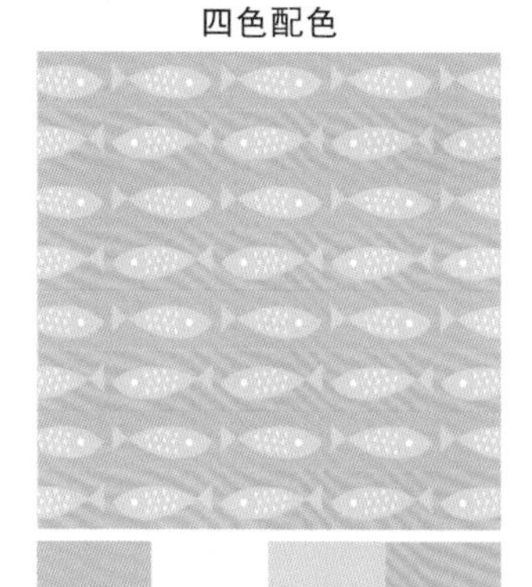

五色配色

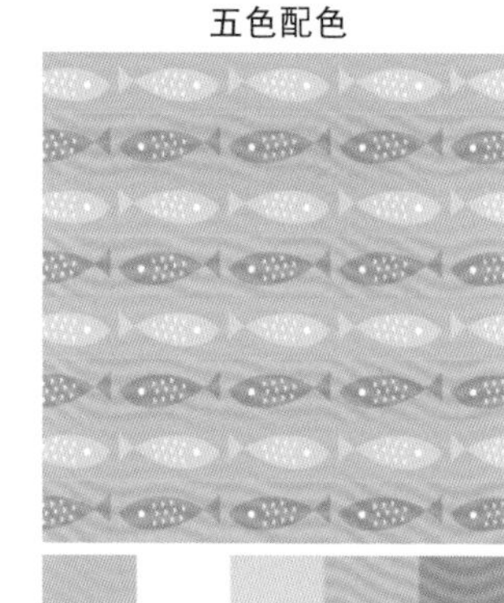

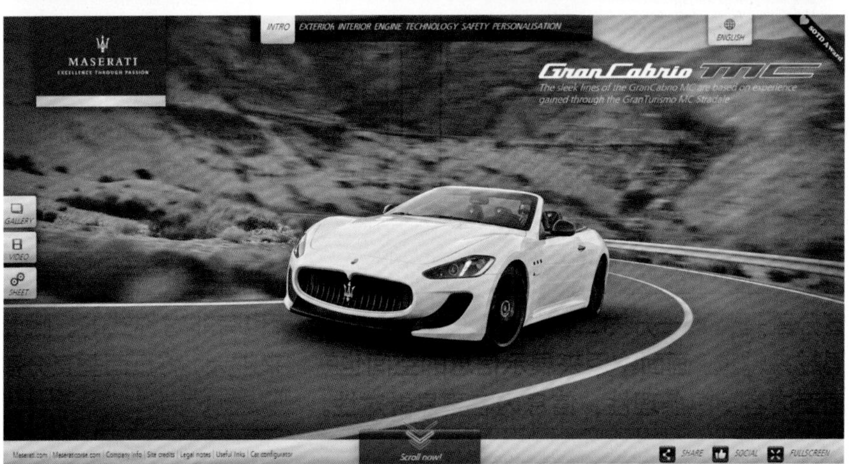

5.6 奢侈品类网页设计

奢侈品属于高档消费，代表的是一种高品质的生活方式。在用户浏览网页的过程中，要能够感受到从页面中传递的优雅与舒适，甚至得到一种精神层面上的享受。优秀的奢侈品网页设计还要在网页中体会到该品牌的历史底蕴、文化传承。在网页设计的过程中要考虑色彩、图案、形态、布局等的元素，必须做到网页的功能与情感相呼应，这样才能够显示出奢侈品的独具匠心和与众不同。

5.6.1 优雅风格的奢侈品类网页设计

优雅风格的网页设计给人的第一印象就应该和谐：颜色的和谐，构图的和谐。这样的网页通常色彩柔和，布局简约，用这种方式去体现出别致、优雅和迷人。

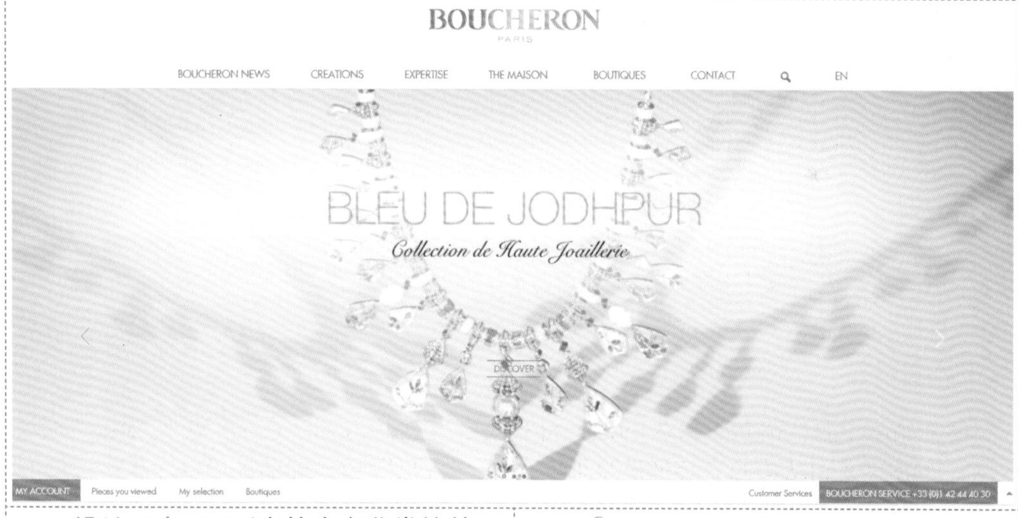

设计理念：网页中的内容非常简单，大幅的网页广告占据了视觉重心，给人一种赏心悦目的感觉。

色彩点评：网页用高明度色彩基调，以白色和灰色作为搭配，给人一种干净、明亮的感觉，然后用金色作为点缀色，透着几分奢华。

❶网页中的图片，利用光影的变化营造空间感。让访客有一种触手可及的感觉。

❷画面中，柔和色调加上简约的布局，给人一种心旷神怡、如沐春风的感觉。

❸在该网页中，布局虽然简约，但是细节丰富，例如，金色渐变的网页标志给人一种奢华的感受，而手写体的文字，为画面添加了浪漫色彩，在这一丝一扣中都透露着细腻。

CMYK=30,24,20,0 RGB=189,188,193

CMYK=6,5,5,0 RGB=242,242,242

CMYK=17,12,59,0 RGB=17,12,59,0

CMYK=50,47,87,1 RGB=150,134,62

该网页以大图为背景，在访客打开网页后，就会被画面中的模特吸引。而且图形中利用人物的位置去制作空间关系，有很强的代入感。

CMYK=20,11,12,0 RGB=212,220,222
CMYK=73,47,40,0 RGB=85,124,140
CMYK=47,49,64,0 RGB=156,134,100
CMYK=82,81,71,54 RGB=41,36,42

作为网站的首页，一定要做到吸引访客的注意。在该网页中，青灰色给人一种沉稳、优雅之感。

左侧的人物和右侧的商品打造出一种平和感。

CMYK=3,18,16,0 RGB=248,222,211
CMYK=26,17,16,0 RGB=198,205,209
CMYK=39,26,24,0 RGB=170,180,184
CMYK=81,74,65,36 RGB=53,58,64

5.6.2 神秘风格的奢侈品类网页设计

神秘风格通常自信、优雅，犹如黑夜中璀璨的星光，让人觉得闪耀、精致、振奋。神秘风格通常采用低明度的色彩基调，然后用高明度色彩作为点缀色，形成一种颜色的对比。

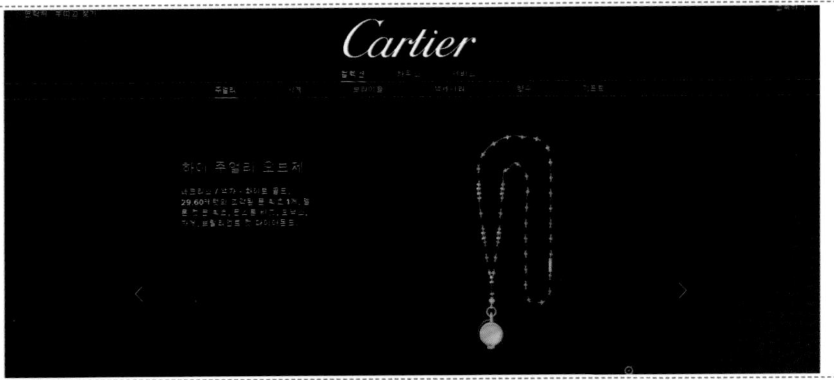

设计理念：在该网页中，内容相对简单，标题正文型的布局方式可让用户直观地了解商品。

色彩点评：该网页为低明度色彩基调，以黑色为主色调，以深红色为点缀，整体给人一种神秘、性感的视觉感受。

①在黑色背景的衬托下，项链闪耀着清冷的光芒，让本来寂静的页面散发出不可抗拒的魅力。

②页面中，文字位于左侧，商品位于右侧。这种对称的形式达到了平衡的效果。

③在该网页中，深红色代表着小女人的细腻和浪漫。

CMYK=68,97,96,67 RGB=51,1,0
CMYK=100,100,100,100 RGB=0,0,0
CMYK=0,0,0,0 RGB=255,255,255

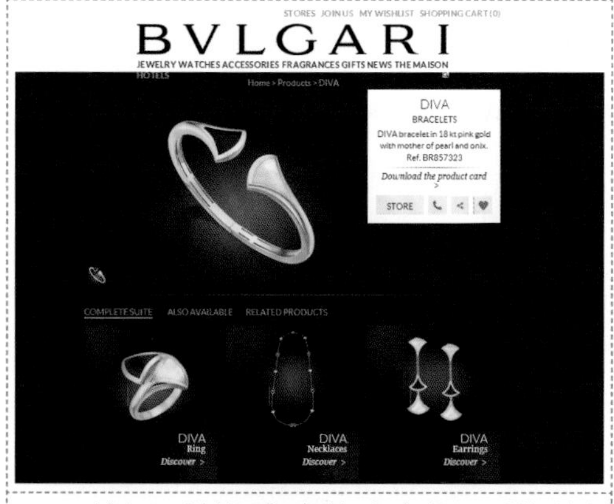

该网页以深灰色为主色调，利用颜色的变化，让商品更加突出。在深灰色的背景衬托下，金色的商品显得格外华丽。

CMYK=14,32,43,0 RGB=228,186,147

CMYK=72,65,62,17 RGB=85,85,85

CMYK=87,82,82,71 RGB=18,18,18

该网页为深色彩基调，深绿色的色调给人一种幽静、静谧的感觉。前景中，精致的商品在绿色的衬托下，显得格外雅致。

CMYK=16,11,18,0 RGB=223,224,212

CMYK=18,15,10,0 RGB=216,215,222

CMYK=76,59,100,30 RGB=66,81,39

CMYK=87,75,98,68 RGB=15,27,5

网页设计的流行趋势——滑出式菜单

滑出式菜单可以从屏幕的顶部或侧面以无缝的切换方式呈现网站内容的其余部分，是一种省时、便利的设计，它简单、实用，是未来的发展趋势。

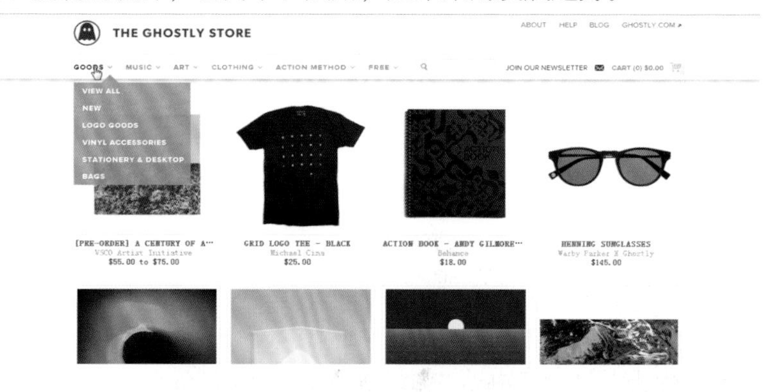

配色方案

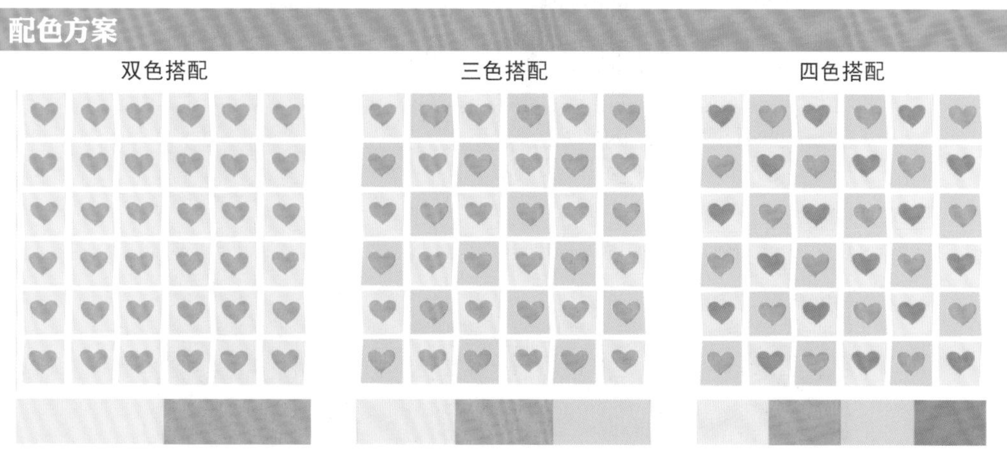

奢侈品类网页设计赏析

5.7 艺术设计类网页设计

艺术设计类的网页设计要更加注重艺术效果的表达，页面设计的好坏决定着人们使用的愉悦性和满意度。而且能够去浏览艺术类网站的访客多数都有一定的艺术涵养，所以网页首先就应该是一件艺术品，这样才能让网站中的内容更加具有说服力。

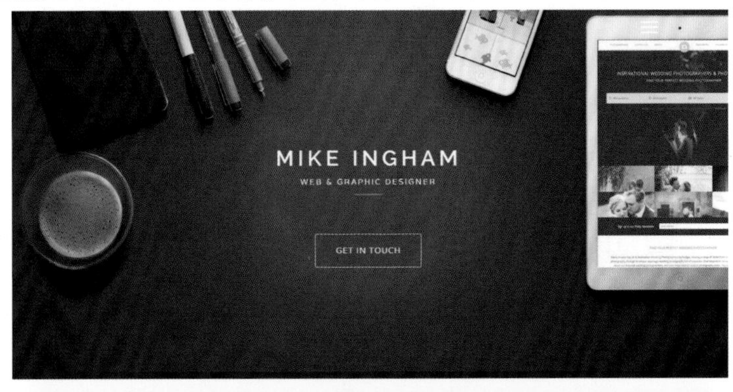

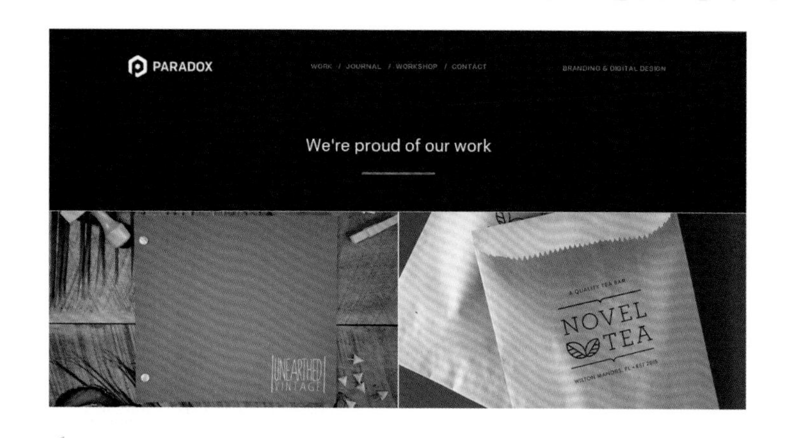

5.7.1 插画风格的艺术设计类网页设计

插画风格的网页是指以手绘插画为主要视觉元素的网页设计。插画主要的作用是增加画面的趣味性，使文字部份能更生动、更具象地活跃在浏览者的心中。

设计理念：宽屏的页面设计充分地利用了网页的空间，给人一种舒展、开阔的视觉体验。

色彩点评：在该网页中颜色十分丰富，所以采用了白色作为导航栏的颜色，这样可以提亮画面整体的色彩，也可以增加视觉的稳定性。

1 该网页的视觉冲击力很强，因为网页中的插画采用了青色和红色作为搭配，这两种颜色为对比色，所以才会产生这样强烈的视觉感受。

2 网页中的矢量插画色调统一、画风统一，总体上给人一种和谐之美。

3 在网页中图形元素较多，更容易吸引访客的注意。

CMYK=89,61,1,0 RGB=0,99,186,

CMYK=0,89,95,0 RGB=255,53,0,

CMYK=100,100,100,100 RGB=0,0,0

CMYK=100,100,57,24 RGB=21,27,78

在该网页中，夸张的艺术形象给人一种另类、个性的视觉印象。

CMYK=5,7,53,0 RGB=255,239,142

CMYK=8,94,4,0 RGB=236,0,140

CMYK=0,0,0,0 RGB=255,255,255

CMYK=31,4,24,0 RGB=190,222,206

在该网页中，将大量的设计作品、插画进行组合展示，让访客目不暇接，牢牢地吸引住访客的目光。

CMYK=63,5,35,0 RGB=88,193,186
CMYK=62,74,81,36 RGB=93,61,47
CMYK=31,38,83,0 RGB=196,163,64
CMYK=5,74,69,0 RGB=241,100,70

5.7.2 拼贴风格的艺术设计类网页设计

在网页中将图片有意识地拼接在一起进行展示，这就是拼贴风格。这种布局风格通常可以在有限的空间内表现更多的信息。整齐的拼贴风格网页简单干净、条理清晰；不整齐的拼贴风格网页设计形式灵活，随性、自如。

设计理念：这是一个平面设计类公司的网页，在网页中，将自己设计的作品通过图片的形式表达出来。让访客在打开网页之后，立即就能了解该公司的作品，给人一种非常直白的感觉。

色彩点评：在页眉中，我们可以看到具有红色色彩倾向的图片，这样的图片效果可以给人一种半透明效果独有的透明、距离之感。

①网页中的内容比较多，这种拼贴风格能够更加全面地展示商品。

②在网页中，图案的大小是有所变化的，这种变化可以打破拼贴风格所产生的呆板、拘束的感觉。

③在网页中将页面、导航等内容做简化处理，能避免网页中内容过多，产生杂乱的视觉印象。

CMYK=19,88,84,0 RGB=214,63,48
CMYK=12,9,9,0 RGB=230,230,230
CMYK=72,64,47,3 RGB=93,96,115
CMYK=12,91,67,0 RGB=227,52,68

该网页采用规则的拼贴效果，将每个图案以同样的大小进行拼贴，给人一种和谐、统一的视觉印象。

CMYK=38,57,72,0 RGB=178,125,81
CMYK=62,70,79,27 RGB=101,74,56
CMYK=39,27,24,0 RGB=169,178,184
CMYK=24,15,11,0 RGB=203,210,218
CMYK=9,7,7,0 RGB=237,237,237

在这个网页中，采用不规则的拼贴效果，各个图形以相互重叠的方式进行展示，给人一种活泼、生动的感觉。

CMYK=54,0,10,0 RGB=94,227,254

CMYK=61,82,0,0 RGB=133,65,166

CMYK=82,63,0,0 RGB=52,95,252

CMYK=83,78,77,60 RGB=34,34,34

网页设计的流行趋势——网页音效

在网页中添加音效，可以增加访客的代入感，让网页不仅有视觉上的体验，更有听觉上的体验。网页音效不仅可以添加各种单击按钮的声音，还可以添加背景音乐，以烘托网页中的气氛。

配色方案

双色搭配

三色搭配

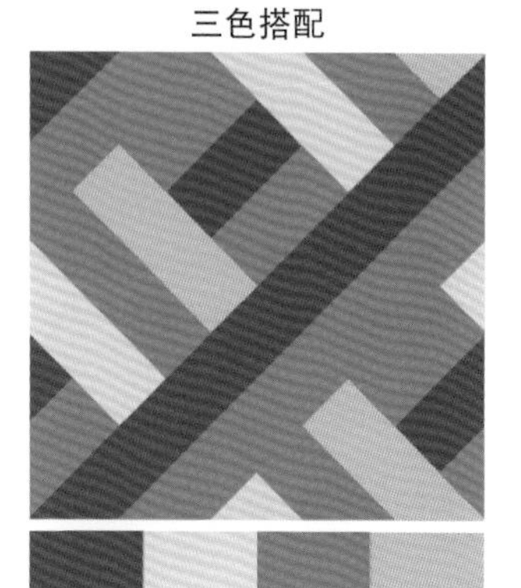

四色搭配

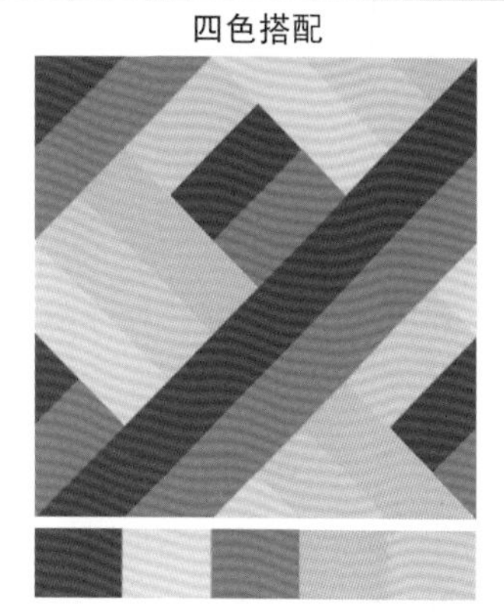

艺术设计类网页设计赏析

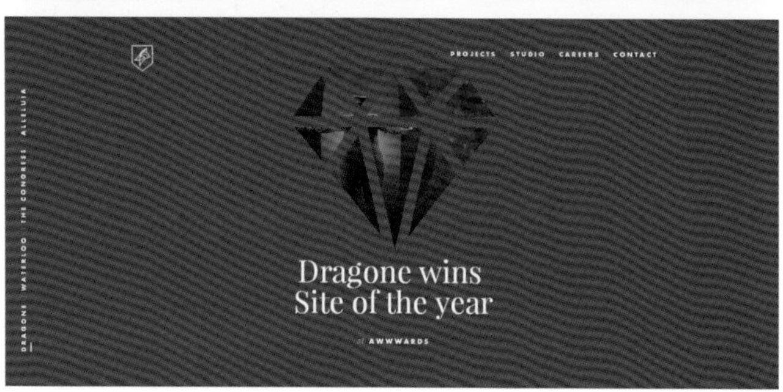

5.8 游戏类网页设计

以游戏为主题的网页设计也是网站中最常见的网页类型，通常，这类网页专业性较强，界面精美，让访客在第一时间里就能享受到视觉感官的刺激。只有这样的设计，才能让游戏类网页有效提升网站的点击浏览量，树立起良好的口碑。

Projects - Own

LITTLE GALAXY

Polish your space boots and prepare for the adventure of a lifetime with the game that's taken the app stores by storm.

Join our space jumping hero as he sets off across the galaxy on an amazing journey to find a new home.

Use the super simple one touch control system to leap from planet to planet, undertaking challenges and collecting as many stars and power ups as you can along the milky way.

With unlimited gameplay possibilities, challenges, stunning graphics, a host of unlockables and much more, Little Galaxy will draw you into its enchanting orbit like no other game.

TRAILER PRESSKIT BLOG

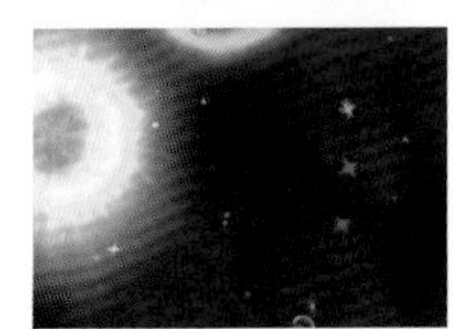

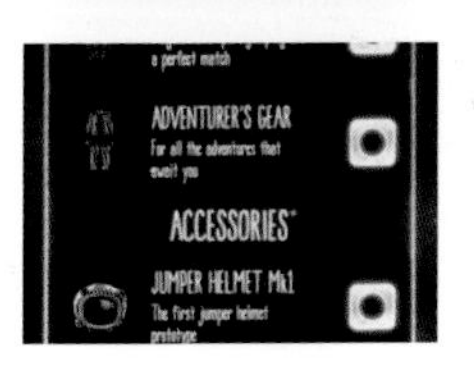

5.8.1 趣味风格的游戏类网页设计

作为游戏主题的网页设计，引起访客的兴趣是非常重要的，这类网页通常会利用游戏的角色、游戏的内容提高整个页面的趣味性、愉悦度。在设计此类网页时，设计师应该以其独特、新奇、生动、有趣的创作手法，使画面中的内容更具趣味性。

设计理念：这是一个游戏专题的网页设计，从网页广告中就能了解到游戏的内容。表情丰富的卡通形象非常贴合趣味性的主题。

色彩点评：画面中以淡青色为主色调，给人一种活泼、激情的视觉印象。

❶文字与插画相映成趣、互为补充，在传达游戏内容的同时，也为画面添加了趣味性。

❷卡通形象在画面中产生了一种动感，与游戏的主题相呼应。

❸网页以青色为主色调，一方面可以营造一种轻松、活泼的氛围，另一方面，与红色的卡通形象产生颜色的对比。

CMYK=57,0,9,0 RGB=90,218,249

CMYK=24,0,7,0 RGB=201,248,252

CMYK=37,100,100,3 RGB=181,12,20

CMYK=38,20,96,0 RGB=182,188,24

该网站是一个游戏平台，因为信息繁杂，所以采用拼贴的方式构图。这样的构图方式让画面看起来简洁流畅，极富时代感。

CMYK=67,55,6,0 RGB=105,117,183

CMYK=92,77,9,0 RGB=30,75,159

CMYK=79,74,71,45 RGB=51,51,51

CMYK=8,6,6,0 RGB=239,239,239

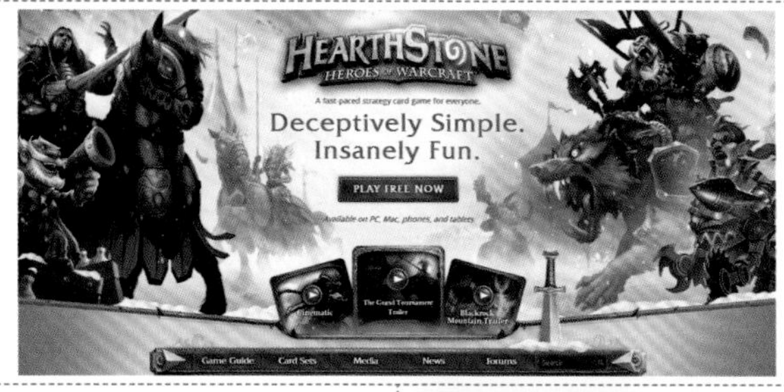

该网页采用海报式的布局方式，文字信息居中排列，条理清晰。网页左右两侧的游戏角色都是面向中央位置，具有引导视觉的作用。

CMYK=91,98,48,18 RGB=51,39,86

CMYK=86,83,62,40 RGB=43,45,62

CMYK=15,44,87,0 RGB=227,161,44

CMYK=16,9,2,0 RGB=222,228,242

5.8.2 未来感风格的游戏类网页设计

网页中的未来感，通常通过图形或色调去营造氛围，让画面产生一种对未知的假想。未来感可以是神秘、冷漠的，也可以科技、诡异的。未来感以其独特、新奇、生动有趣的创作手法，引起了人们的关注，使观者难以忘怀。

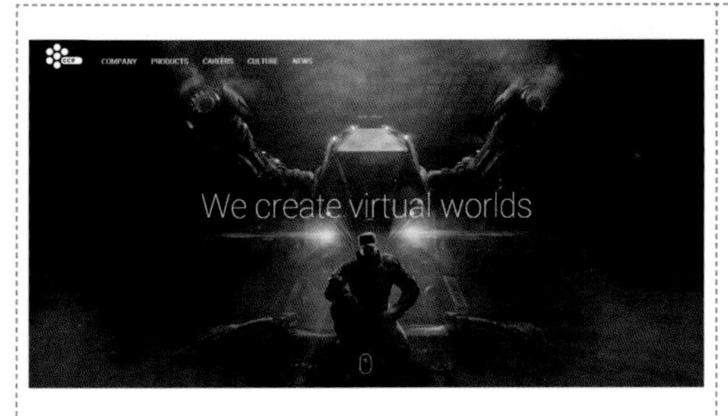

设计理念：这是一个未来感很强的网页设计，以一个机器人作为背景，发着蓝光的眼睛让人觉得异常诡异，整个画面运用光线、颜色营造了一种压抑、紧张的气氛。

色彩点评：网页为低明度色彩基调，通过画面中背景与前景的关系，制造了极强的空间感，这种空间感让访客有一种身临其境的感觉。

❶在低明度的衬托下，画面中的两道青色光线格外突出。

❷未来感风格可以给人一种新奇、振奋的感受，用户可以被这种气氛感染。

❸网页中看不清脸的人物也让整个画面的气氛更加凝重。

CMYK=91,87,85,76 RGB=5,6,8
CMYK=77,71,51,11 RGB=79,80,100
CMYK=68,47,10,0 RGB=100,130,187
CMYK=55,78,100,31 RGB=11,61,29

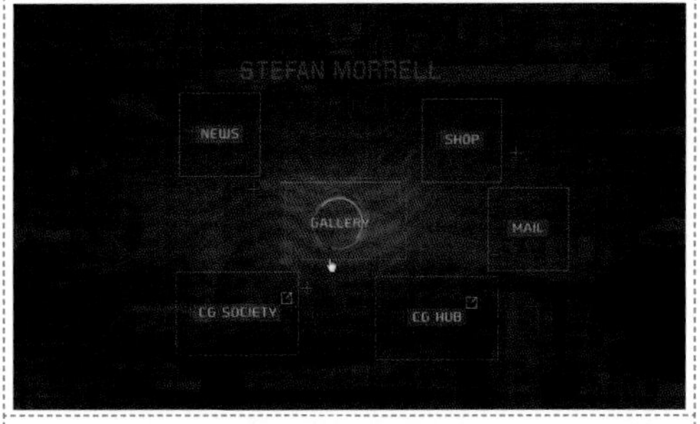

该网页属于低明度色彩基调，深灰色给人一种冷静、危险、神秘莫测的感觉，橘黄色作为点缀色，象征着危险、警告。而且网页中按钮非常的简洁，利用这样简洁的元素，更符合画面整体的风格。

CMYK=36,78,88,1 RGB=182,86,50
CMYK=70,76,81,50 RGB=64,47,38
CMYK=83,78,76,59 RGB=34,35,35
CMYK=100,100,100,100 RGB=0,0,0

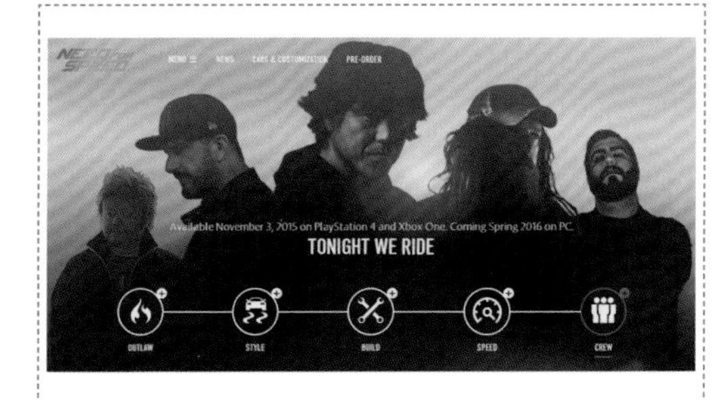

网页采用青灰色调，整体给人一种严肃、庄重的视觉印象。

CMYK=72,20,17,0 RGB=49,168,207
CMYK=0,0,0,0 RGB=255,255,255
CMYK=34,18,13,0 RGB=181,198,213
CMYK=96,91,62,45 RGB=18,33,56

网页设计的流行趋势——大图背景

随着时代的发展，电脑的屏幕也越来越宽，宽屏网页设计也应运而生。宽屏的网页可以给用户一种开阔、丰满的用户体验。通常，这类网页打开后是一个完整的图片，形式上大多采用较为简约的构图方式，整体上给人一种舒展、开阔的印象。这类网页也会考虑小屏幕的用户，通常图片尺寸根据屏宽大小自适应，交互菜单和文字信息通常默认系统字体通过大小变换和位移进行屏宽自适应。

配色方案

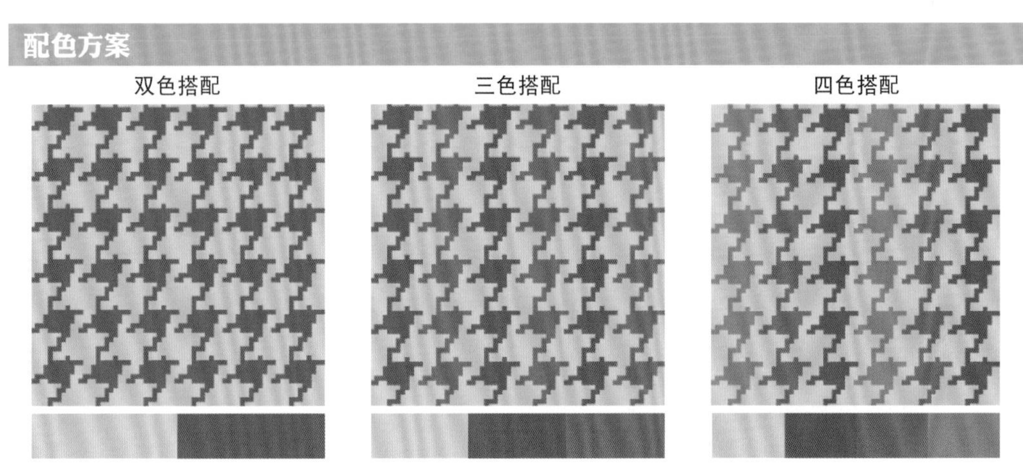

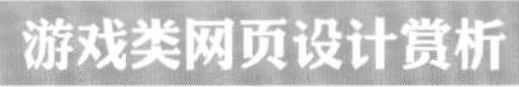

游戏类网页设计赏析

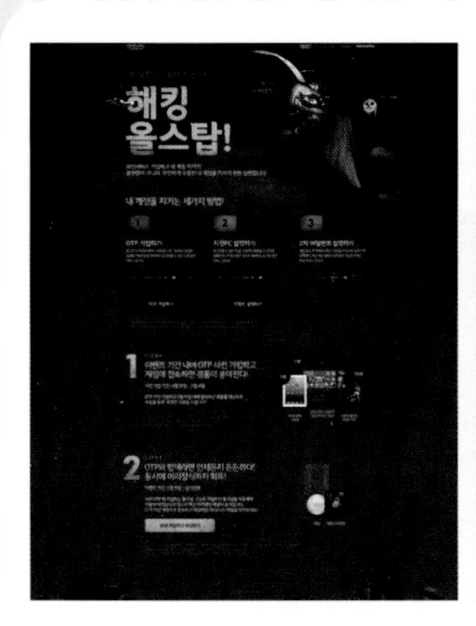

5.9 旅游类网页设计

随着经济的发展，旅游行业也变得红火起来。出去旅游主要是为了愉悦心情，放松生活，所以在旅游类的网页设计中，通常都会搭配非常有吸引力的精美照片，目的是为了突出视觉吸引力，获取更多的潜在客户。

旅游类网页设计可以遵循以下几点。

（1）导航清晰，布局合理，层次分明，让用户有一种简便舒适的用户体验。

（2）主题突出，风格统一。作为旅游类的网页设计，旅游项目就如同商品一般，需要推销出去。网页的整体风格要统一，这样才能有助于加深访问者对网站的印象。

（3）界面清爽。要想留住访客，就不要让画面太过压抑。例如，在信息较多的网页中，可以选择白色作为背景颜色；前景文字和背景之间要对比鲜明，这样，访问者浏览时，眼睛才不会疲劳。

（4）色彩和谐。在网页设计中，根据和谐、均衡和重点突出的原则，将不同的色彩进行组合、搭配，来构成美观的页面。

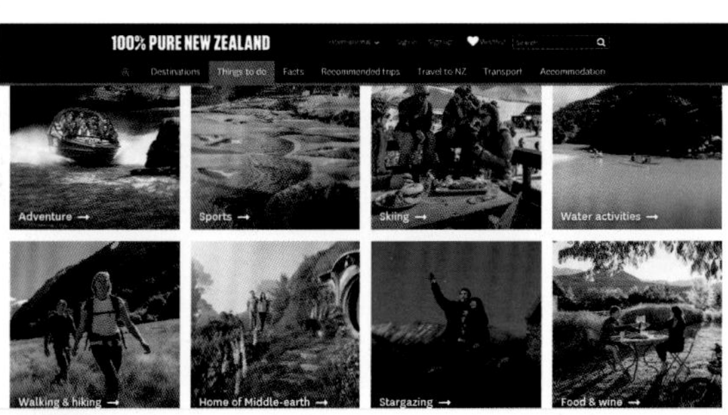

5.9.1 民族风格的旅游类网页设计

民族风格是一个民族在长期发展中形成的区别于其他民族的独特的审美风貌和艺术特征。通常，这类网站可以展现民族的精神、心理、气质、性格，揭示本民族历史文化传统的积淀和所形成的生活方式、思维模式及审美观念。

设计理念：该网页采用民族风格的设计方式，通过画面中的各种细节，能够让访客感受到页面所表达的文化底蕴。

色彩点评：因为网页为民族风格，所以在颜色的选择上，要与整体风格相统一。灰色调的配色方案给人一种古典、朴素的美感。

① 灰色调容易带给人一种呆板、压抑的感觉，画面中，几点高纯度的颜色让整个画面变得灵动起来。

② 网页中，插图、背景都采用了民族元素，紧扣旅游站的主题。

③ 在灰色的衬托下，深咖啡色的导航栏非常抢眼。

CMYK=71,73,93,52 RGB=60,47,27

CMYK=8,6,6,0 RGB=239,239,239

CMYK=8,63,9,0 RGB=237,128,172

CMYK=3,56,91,0 RGB=247,143,18

该网页为中明度色彩基调，灰色调的配色给人一种中庸、优雅的古典美。这与网页中古色古香的风景图片相呼应。

CMYK=68,53,84,11 RGB=97,108,67

CMYK=81,78,76,58 RGB=39,36,36

CMYK=63,56,57,4 RGB=113,110,104

CMYK=19,12,18,0 RGB=216,218,209

在该网页中，金色的背景搭配浅卡其色的前景，给人一种历史悠久的感受，与网站中的内容相统一。

CMYK=44,95,91,11 RGB=156,44,44

CMYK=78,72,69,39 RGB=58,58,58

CMYK=14,18,35,0 RGB=228,212,175

CMYK=35,50,93,0 RGB=186,138,42

5.9.2 轻松风格的旅游类网页设计

出去旅游是对身心放松的一种方式，所以旅游类的网页设计可以将欢乐、轻松作为切入点进行设计制作。网页中利用图形、文字，创造一种让人向往的气氛，这样才能加深访客的心理印象，让人心神向往。

设计理念：该网页采用海报型布局方式，人物夸张的表情给人一种紧张、刺激的感觉，无形中给访客带来了感染力。

色彩点评：该网页以自然风光为主要内容，以蓝、绿色为主色调，给人一种自然、清新的视觉印象。

1 该网页利用自然风光营造一种空间感，让访客有一种身临其境的感觉。

2 倾斜的文字排版与画面的气氛相呼应，给人一种活力四射的感觉，非常具有号召力、煽动力。

3 画面中，向下俯冲过来的人群为画面制造了一种危险、紧张的气氛。

CMYK=56,11,17,0 RGB=118,193,215

CMYK=82,52,0,0 RGB=82,52,0,0

CMYK=72,41,100,2 RGB=87,130,33

CMYK=85,63,100,47 RGB=33,60,25

在该网页中，以大幅的图形作为视觉中心，让访客的视野变得开阔。同时，在水中嬉戏的人物可以给访客一种心理暗示，能让访客感受到旅游所带来的放松和快乐。

CMYK=27,44,45,0 RGB=199,155,133

CMYK=81,50,100,15 RGB=54,102,5

CMYK=88,74,73,49 RGB=28,47,48

CMYK=96,75,57,24 RGB=0,64,84

这是一个游乐场的网页设计，因为游乐场针对儿童，所以在颜色的取舍上主要选择了比较鲜艳、活泼的颜色。

CMYK=17,87,34,0 RGB=220,62,115

CMYK=62,17,3,0 RGB=92,181,234

CMYK=6,26,51,0 RGB=247,204,136

CMYK=24,93,85,0 RGB=206,48,48

CMYK=45,52,0,0 RGB=161,133,201

网页设计的流行趋势——视频背景

视频背景通常会应用在网站的首页，它与大图背景的视觉效果相差无几，但由于是动态的，所以表现力更强一些。视频背景能够让网站脱颖而出，让访客以前所未有的方式记住你的品牌。

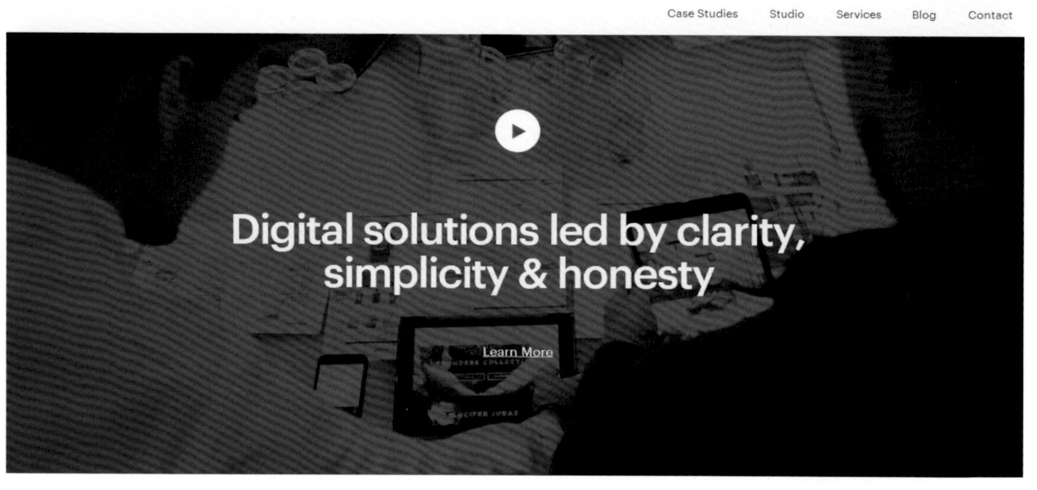

配色方案

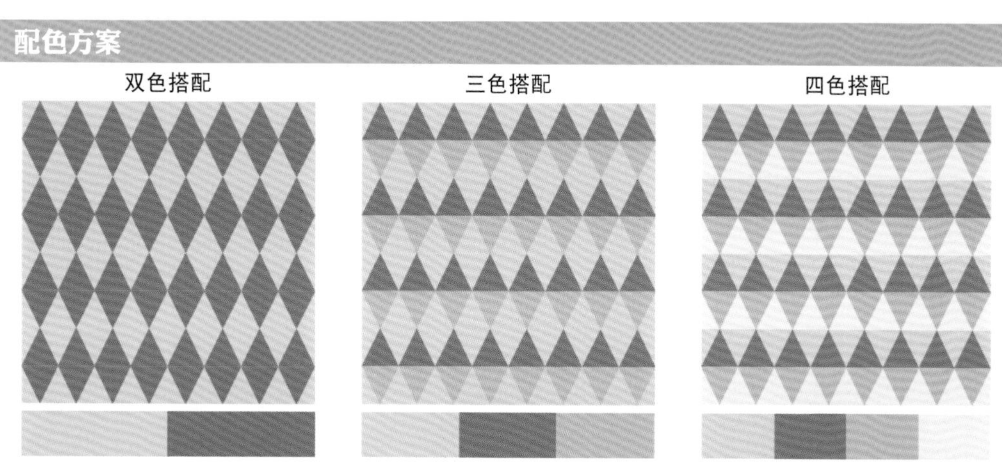

旅游类网页设计赏析

5.10 家居类网页设计

家居包含的类别非常广泛，家庭装修、家具配置、家电等一系列与居室有关的内容都属于家居范畴。既然与“家”有关，那么，家居类的网站设计应该注意以下几点。

1. 主题鲜明

能让访客在第一时间内就了解网站的主要诉求。

2. 内容整体

在网页的设计中，要做到布局合理化、有序化、整体化。利用统一的视觉符号，为整个网站营造一种和谐、融洽之美。

3. 布局精巧

在网页中，可以利用精巧的布局，去表达语言无法表达的一些思想和诉求，做到丰富多样。

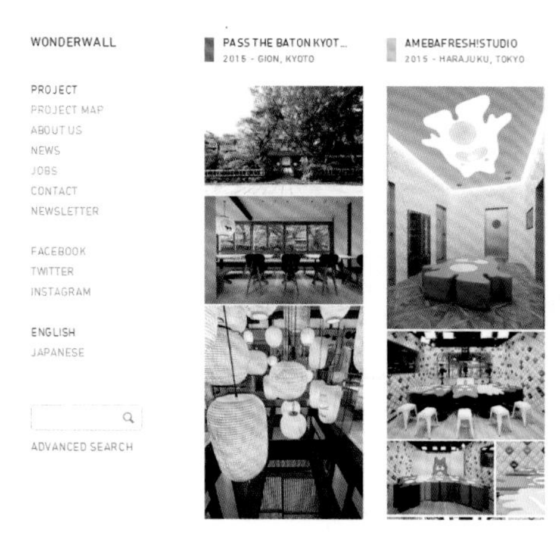

5.10.1 温馨风格的家居类网页设计

温馨风格可以利用画面中的颜色与布局的结合，以其独特的视觉语言，与访客进行思想情感的交流。通常，温馨风格为暖色调，颜色明度较高，整体上给人一种温馨、温暖的心理感受。

设计理念：该网页为海报型的布局方式，根据人的阅读习惯，将标题放置在了画面的左上角。右侧的帅气的代言人与商品紧靠在一起，让商品更加有可信度。

色彩点评：该网页为高明度色彩基调，以白色、亮灰色为主色调，以青色和深灰为点缀色。整体上给人一种温暖而又活泼的感觉。

1. 深灰色的导航栏让整个画面颜色产生了一种微妙的平衡，它既稳重，又不会喧宾夺主。
2. 画面左侧的一组四格图案像漫画一样，非常具有趣味性，能让访客了解到商品的功能。
3. 在画面中，青色的纯度较低，与画面整体的色彩相和谐。

CMYK=29,22,20,0 RGB=192,193,195
CMYK=17,5,9,0 RGB=220,233,234
CMYK=57,0,24,0 RGB=103,213,216
CMYK=82,77,73,54 RGB=39,40,42

该网页为家居用品的网页设计，干净、利落的配色能够更加突出商品的品质。拼贴风格的页面设计，既表现了商品的主题，又表现了商品的细节。

CMYK=7,5,7,0 RGB=240,240,238
CMYK=35,35,50,0 RGB=181,165,132
CMYK=11,23,50,0 RGB=237,205,141

在该网页中，以整张大图作为背景，这样的设计可以给人一种扩展、延伸的视觉感受。网页以家居空间作为视觉主体，深橘黄色调给人一种温馨、舒适的感觉。

CMYK=67,73,75,36 RGB=83,62,54
CMYK=31,64,90,0 RGB=192,114,47
CMYK=34,46,50,0 RGB=185,147,124

5.10.2 素雅风格的家居类网页设计

简单、大方即为素，优质、高调即为雅。素雅风格的网页设计通常颜色都比较淡，颜色明度都较高，这样容易营造出一种氛围、一种状态。这种风格会延伸出一种淡定里的高雅情调，表现了高尚的生活情操。

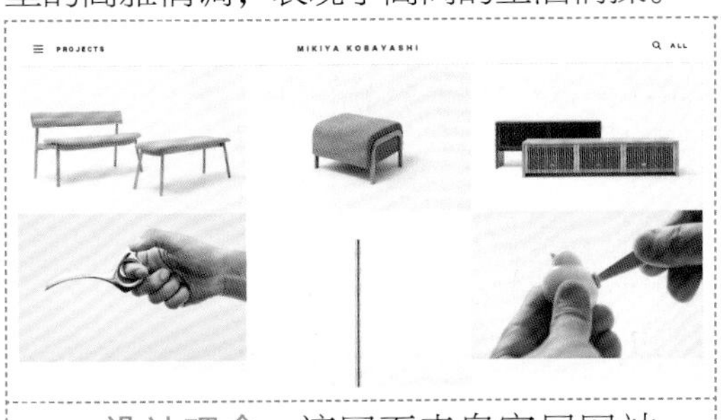

设计理念：该网页来自家居网站，将商品以拼贴的方式进行摆放，构图非常简约。

色彩点评：该网页为高明度色彩基调，白色的导航栏和高亮度的灰色给人一种大方、得体、素雅的感觉。

❶网页中的图片都以高亮度的灰色作为背景，营造了一种视觉上的统一感。

❷在画面中，清新的配色更能凸显商品的品质。

❸拼贴风格的网页布局方式，可以充分地利用有限的网页资源，让网站售卖的商品更全面地进行展示。

CMYK=4,3,2,0 RGB=247,247,249
CMYK=10,8,5,0 RGB=234,234,239
CMYK=54,63,82,11 RGB=133,99,63
CMYK=19,28,46,0 RGB=217,189,144

该网页采用高明度、低纯度的配色，整体颜色淡雅、柔和，在这样颜色的衬托下，商品显得非常突出。

CMYK=9,7,7,0 RGB=237,237,237
CMYK=5,4,4,0 RGB=244,244,244
CMYK=0,0,0,0 RGB=255,255,255
CMYK=29,12,15,0 RGB=194,212,216
CMYK=18,3,20,0 RGB=219,234,216

该网页中，商品采用俯视角度拍摄，在给人一种特别的视觉感受同时，又能更好地展示商品。该网页以高明度的亮灰色搭配上红色，颜色素雅中透着活泼。

CMYK= 75,53,100,17 RGB=76,99,43
CMYK=22,54,2,0 RGB=210,141,191
CMYK=26,99,87,0 RGB=202,20,45
CMYK=7,5,5,0 RGB=240,240,240

网页设计的流行趋势——卡片式设计

卡片式设计可以将网页模块化，像卡片拼贴在一起。卡片式设计使得在浏览器中能浏览大量数据。通常，卡片式设计中的每一张“卡片”必须具有功能性、独立性，并且有可翻动性（用户可以点击，查看更多详细内容）。总之，卡片设计干净、简单，具备多功能性。

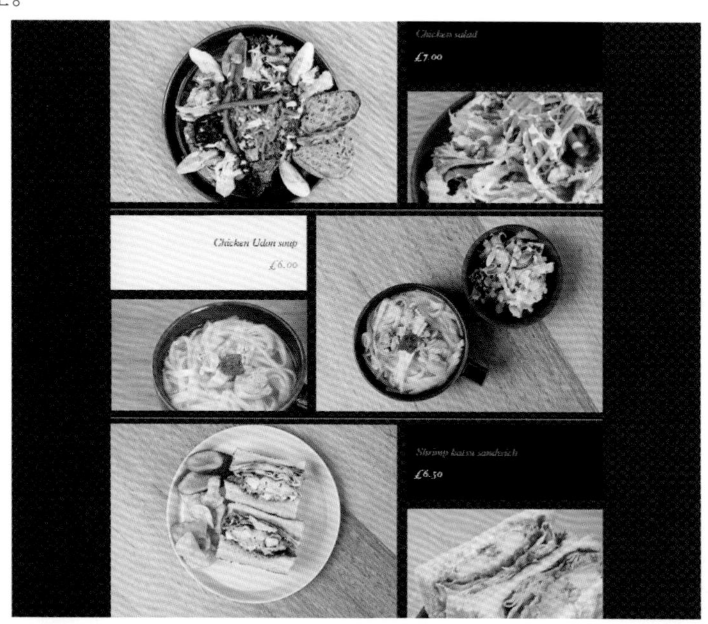

配色方案

双色搭配

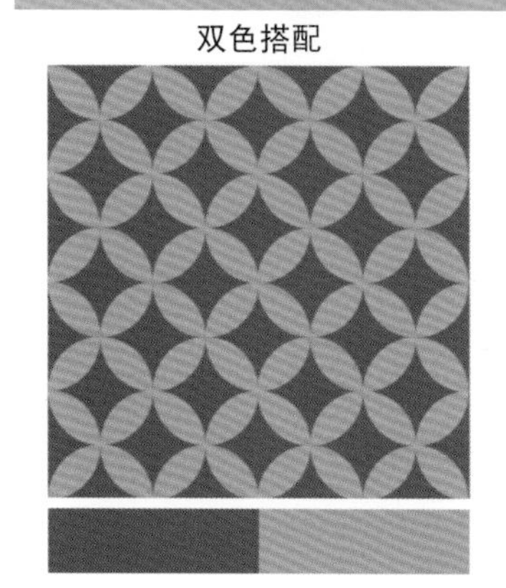

三色搭配

四色搭配

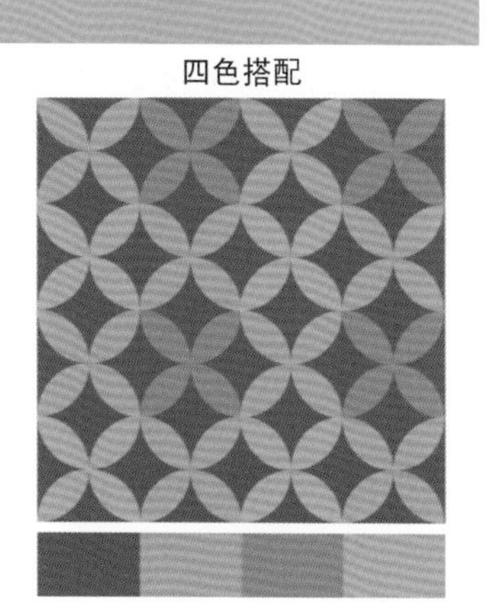

家居类网页设计赏析

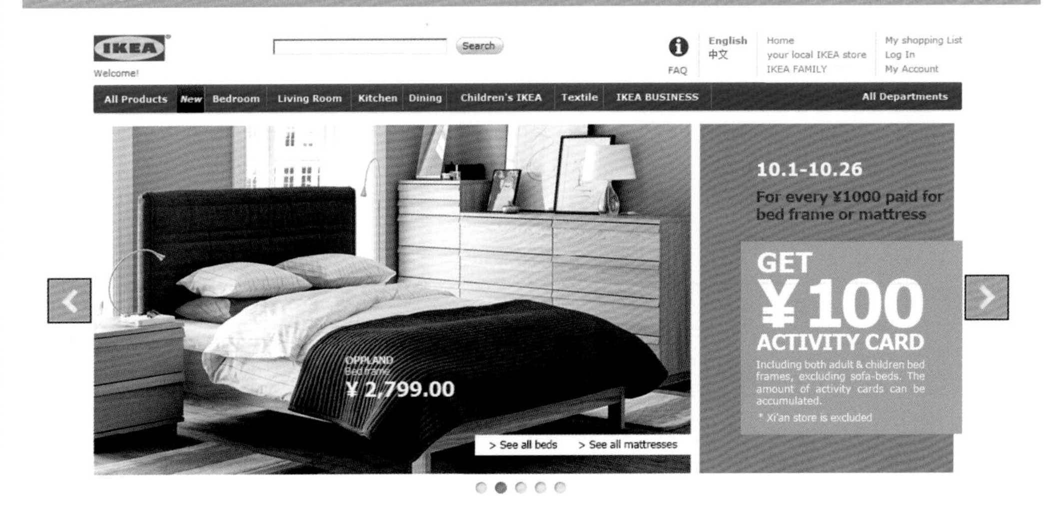

5.11 购物类网页设计

购物类网站的中心词就是购物，它不同于一般网站，它既要遵循一般网站的设计原则，又要通过建立良好的交互体验，去把握消费者的消费心理，让访客在网上购物时能够有便捷、舒适的购物体验，从而对产品、服务产生信赖，以达到促进用户在网上购物的目的。购物类网站中的产品要有秩序、科学化地分类，便于购买者查询。网页整体的布局不仅要具有美观性，还需具有引导性，这样才能吸引大批的购买者。

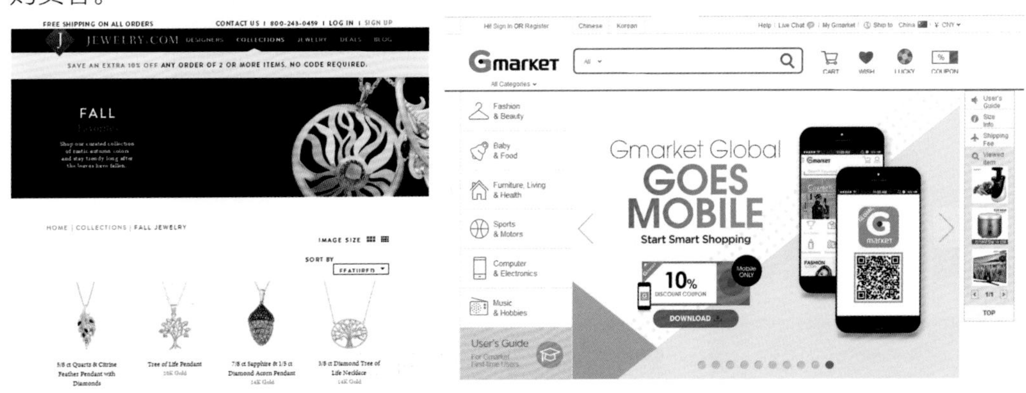

5.11.1 时尚风格的购物类网页设计

时尚风格就是利用当下最流行的元素、色彩、布局方式，去打造一个标新立异、与众不同的网页设计，它能够给人一种别开生面、焕然一新的感觉。

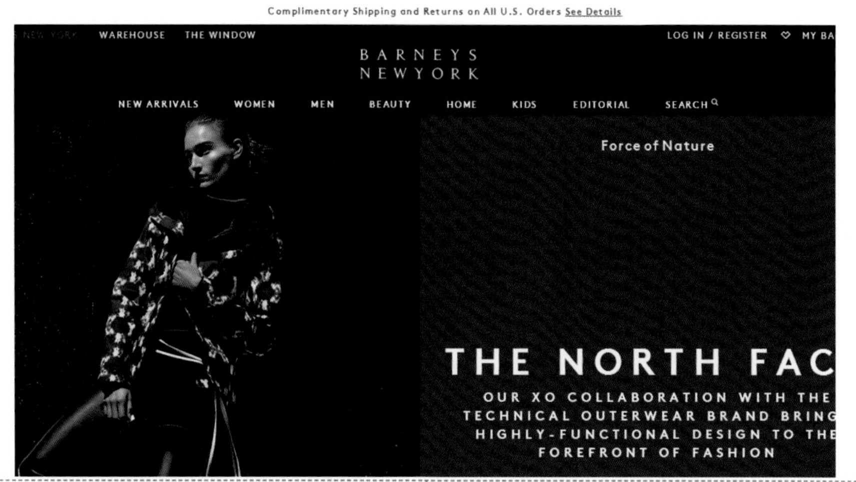

设计理念：在该网页中，将画面一分为二，左侧以图片的形式介绍商品，右侧则以文字作为说明，这种构图方式既有对称的严谨之美，又不会过于死板。

色彩点评：该网页采用低明度的色彩基调，深蓝色的配色给人一种神秘、深邃的心理感受，这也暗示着商品的品质与特点。

❶网页采用单色调的配色方案，根据不同的诉求来合理地安排颜色的明度变化，这也是该网页配色的巧妙之处。

❷网页的配色与商品相呼应，达到了视觉上的平衡。

❸画面中的留白空间很大，可增大访客的视觉空间，让文字、图片等元素能够有呼吸的空间，从而优化用户体验。

CMYK=100,100,100,100 RGB=0,0,0

CMYK=88,71,73,4 RGB=48,82,116

CMYK=97,91,58,38 RGB=20,37,65

CMYK=140,179,218 RGB=55,24,7,0

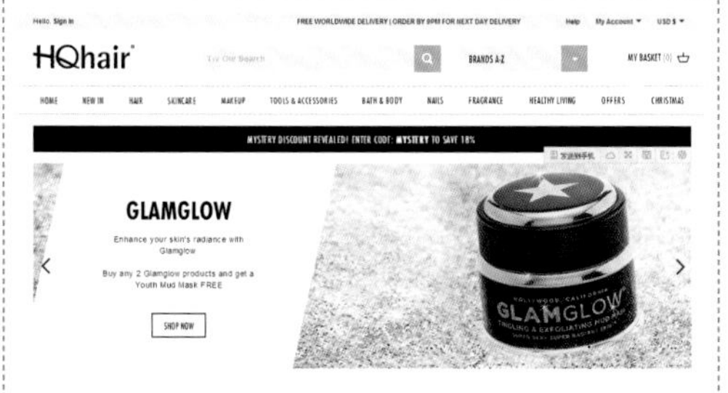

该网页在颜色与布局上都属于简约型。灰色调的配色大气而又优雅，简约的布局方式让访客一目了然，有非常良好的用户体验。青色的按钮在这样中庸、柔和的色彩氛围中显得活跃，虽然面积较小，但效果极佳。

CMYK=63,20,21,0 RGB=99,174,199

CMYK=85,81,80,68 RGB=23,23,23

CMYK=0,0,0,0 RGB=255,255,255

CMYK=8,6,6,0 RGB=239,239,239

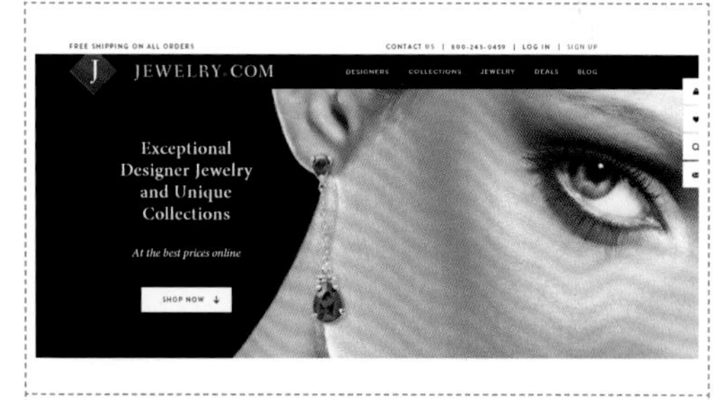

黑色是永不落伍的时尚颜色，在该网页中，利用黑色营造了时尚、神秘、高贵的气氛。在这样的气氛中，模特深邃的目光似乎有着魔力，让人过目难忘。

CMYK=47,98,90,18 RGB=142,34,42

CMYK=31,52,51,0 RGB=191,138,118

CMYK=24,40,37,0 RGB=205,166,152

CMYK=100,100,100,100 RGB=0,0,0

5.11.2 活泼风格的购物类网页设计

活泼风格主要是应用于年轻的消费群体，通常，这类风格会采用高纯度、高明度的配色方法，会营造出一种振奋、热情、活力的感觉。

设计理念：该网页采用海报型的布局方式，代言人年轻靓丽的形象深入人心。手写体的标题同时也营造了轻松、活泼的氛围。

色彩点评：该网页以粉色作为主体颜色，利用同色系粉色及橘色作为点缀色，这样的搭配不仅与商品的性质想呼应，还让整个画面颜色更加丰富多彩，让网站的主题更加明确。

❶在画面中的模糊背景给人一种朦胧的感觉，而且它使前景与背景拉开了距离，从而让画面更具空间感。

❷该网站的主要诉求对象为年轻女性，所以，用粉色作为主色调是再合适不过的选择了。

❸网页的布局非常简单，能够让用户在最短的时间内找到需要的内容，在很大程度上提高了用户体验。

CMYK=0,53,13,0 RGB=255,154,179

CMYK=83,79,77,61 RGB=33,32,32

CMYK=0,78,86,0 RGB=255,89,31

CMYK=0,82,51,0 RGB=255,78,92

黑色与白色为经典的配色之一，它利用颜色的明暗对称让画面产生一种不可抗拒的视觉冲击力。在高明度的衬托下，彩色的服装变得格外显眼。

CMYK=34,98,99,1 RGB=186,35,36

CMYK=94,88,45,12 RGB=37,55,98

CMYK=100,100,100,100 RGB=0,0,0

CMYK=13,11,7,0 RGB=228,227,232

该网页为拼贴型，高明度的色彩基调给人一种恬静、淡雅的感觉。在画面中，高明度的图片与白色的模块有规律地变化着，给人一种有秩序的形式美感。

CMYK=4,27,89,0 RGB=255,200,0

CMYK=15,94,89,0 RGB=223,41,37

CMYK=40,67,77,1 RGB=172,105,70

CMYK=0,0,0,0 RGB=255,255,255

CMYK=11,8,11,0 RGB=233,232,227

网页设计的流行趋势——扁平化设计

扁平化的设计是去掉传统的透视、纹理、渐变、三维等效果，只强调设计中最重要的信息，让“信息”本身重新作为核心被凸显出来。如今扁平化备受设计师的青睐，因为这种风格可以让设计变得更有时代感。

配色方案

双色搭配　　三色搭配　　四色搭配

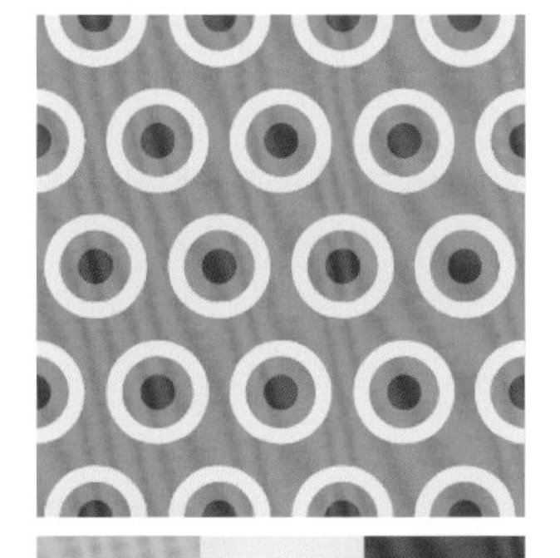
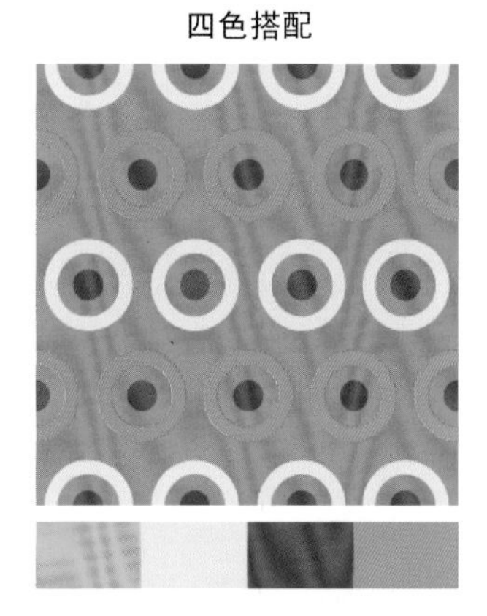

购物类网页设计赏析

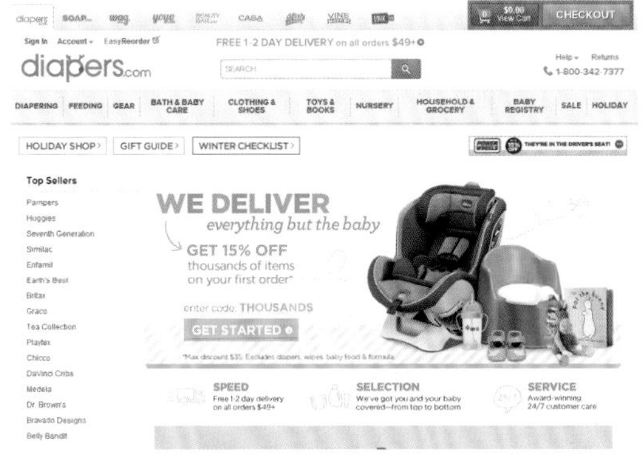

5.12 教育类网页设计

教育类的网站要向访客传递一种优质、可信的感觉，这样才能提高访客对网站的信任程度。对于教育类的网站设计，以青色、蓝色、红色作为主色调的居多，因为这几种颜色给人一种安全、理性、值得信赖的心理感受。对于网页的布局，大多会选择“国”字型、拐角型或“口”字型的布局，因为这几种布局方式最常见，也最实用，能够让访客感觉到网站对教育的一种认真、严谨的态度。当然，网站的类型也是根据网站的主题而设定，例如对少年儿童、艺术类专业等，就可采用创新的设计方式去迎合网站的主题。

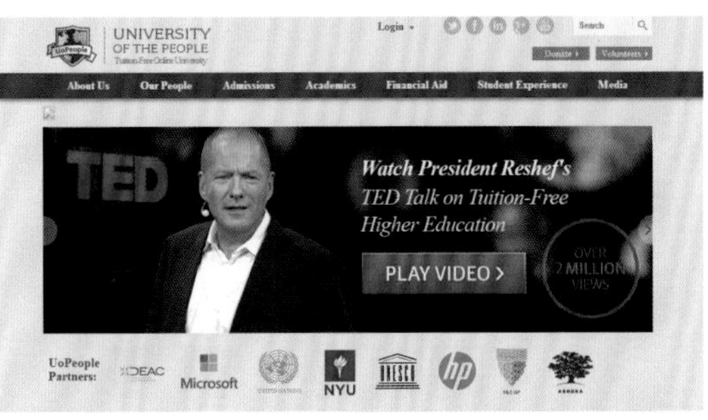

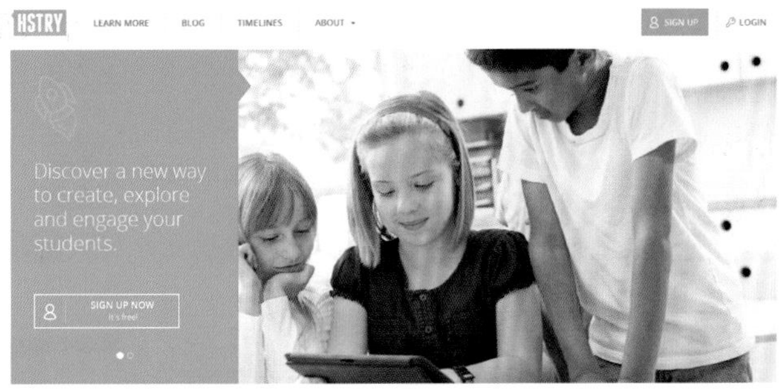

5.12.1 创新风格的教育类网页设计

创新风格的网页设计通常推陈出新、另辟蹊径，给人一种新奇、另类的视觉感受，从而留下深刻的印象。这类网页在布局上通常会不拘一格，打破常规，在颜色的选择上，会以纯色或多种颜色搭配作为配色方案。创新风格的教育类网页设计通常应用在艺术类、儿童类等行业中。

设计理念：该网页形式比较独特，倾斜的线条给人一种不稳定的感觉。但是整体的表格设计比较规范，让人觉得页面条理清晰，内容充实。

色彩点评：该网页色彩非常与众不同，它以白色为主色调，然后以黑色作为辅助色，黑与白的搭配给人一种清爽、利落的感觉。在导航栏中以多种颜色作为点缀色，极大地丰富了画面的色彩，让整个页面变得灵动、热闹。

❶在该页面中，非常注重版式设计，文字位于画面的左侧，符合人们的阅读习惯。

❷在网页中，倾斜的分割线下方有半透明的图形装饰，让画面更有层次感。

❸在网页中，每一个模块用一种颜色进行代表，这样的设计更容易让访客去识别信息。

CMYK=40,14,8,0 RGB=166,201,226

CMYK=0,87,71,0 RGB=250,61,61

CMYK=44,100,23,0 RGB=169,0,119

CMYK=78,100,42,2 RGB=100,0,107

CMYK=93,81,16,0 RGB=39,68,145

CMYK=73,12,19,0 RGB=0,179,212

CMYK=68,22,100,0 RGB=96,161,37

打开该网页，视野非常宽阔，它充分地利用了网页的宽度。而且以图片作为视觉中心，更容易引起访客的注意。整个页面的内容并不复杂，非常易于访客使用。

CMYK=43,64,13,0 RGB=167,112,164

CMYK=48,100,93,22 RGB=136,16,36

CMYK=87,83,82,72 RGB=17,17,17

CMYK=79,59,100,32 RGB=57,78,8

该网页为音乐类的网站，作为艺术类的网站，网站本身通过配色以及布局方式就给人一种非同凡响的感觉，通过网页，我们能感受到浓厚的艺术氛围，以及不同寻常的思维方式。

CMYK=28,97,93,0 RGB=199,33,39
CMYK=42,93,100,9 RGB=162,47,28
CMYK=0,0,0,0 RGB=255,255,255
CMYK=82,78,76,58 RGB=36,36,36
CMYK=88,83,83,37 RGB=14,14,14

5.12.2 严肃风格的教育类网页设计

严肃风格的教育类网页设计可以让人感受到一种严谨、认真的态度，这样才能更容易得到他人的信赖。严肃风格的网站通常会给人一种简约、大气、内容丰富但不繁杂的视觉效果。

设计理念：该网页为“国”字型的网页布局，这种布局类型较为常见，所以对于访客来说，使用起来非常得心应手。另外，这种布局方式页面可以容纳很多内容，信息量大。

色彩点评：该网页以蓝色作为主色调，蓝色应用在教育类行业中，象征着智慧、理性、认真、沉稳。

1. 该网页的布置非常简洁，直线型的外观给人一种认真、正直的感觉。

2. 该网站为单色调配色方案，这样的配色会以同色系的颜色为主色调，根据颜色的明度、纯度去进行变化，从而打造出一种颜色和谐统一，又不缺乏变化的效果。

3. 画面中有几处红色的图标，和卡其黄的按钮，设置这样的颜色是因为它与蓝色成为对比色，使画面效果更加具有冲击力。

CMYK=100,88,31,0 RGB=0,57,127
CMYK=68,42,5,0 RGB=93,139,202
CMYK=68,42,5,0 RGB=93,139,202
CMYK=17,96,100,0 RGB=219,32,1

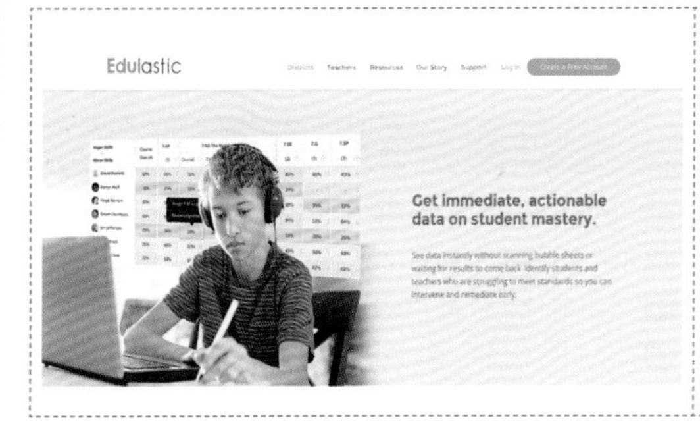

该网页采用灰色调的配色方案，这种色调在平静的空间中缔造出深沉的高贵风情，跳脱了艳俗的尘埃之气。

CMYK=72,0,60,0 RGB=8,192,138
CMYK=60,51,50,1 RGB=122,122,120
CMYK=10,8,8,0 RGB=233,233,233

该网页的布局比较常规，但是配色却大放异彩。在白色的衬托下，紫色显得格外抢眼。而且黄色与紫色为对比色，以黄色作为标题文字，让整个画面效果充满活力、生气勃勃。

CMYK=5,22,89,0 RGB=255,21,0

CMYK=95,100,44,1 RGB=53,19,117

CMYK=8,6,6,0 RGB=238,238,238

CMYK=0,0,0,0 RGB=255,255,255

网页设计的流行趋势——视差滚动

视差滚动最大的特点在于它的视觉效果，采用视差滚动的网页会采用多层背景，并让其以不同的速度进行移动，形成网页内元素层次错落的错觉。视差滚动效果已被越来越多的网站应用，是一种大的流行趋势。在下图中，文字与模特同时向左移动，文字的运动速度更快一些，这就形成了视差滚动。

配色方案

三色搭配

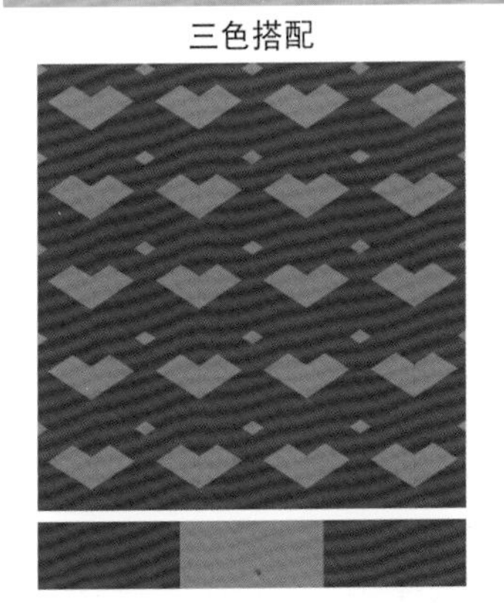

四色搭配

五色搭配

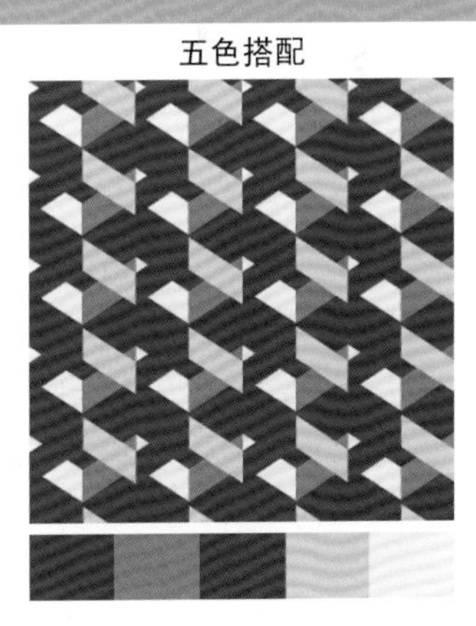

教育类网页设计赏析

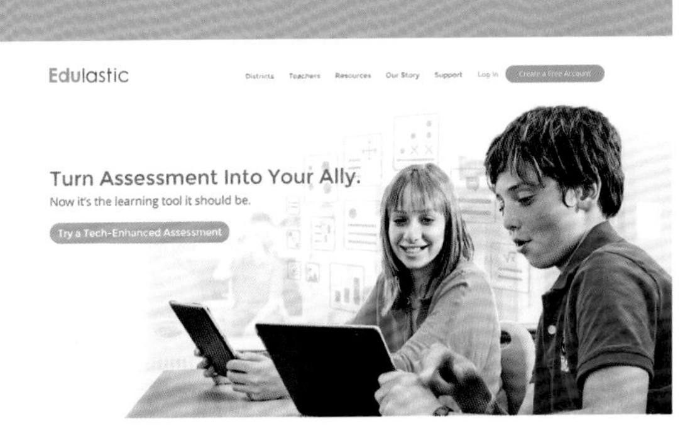

5.13 医疗类网页设计

医院是以提供医疗护理服务为主要目的的医疗机构，通过网站，可以让访客觉得医院的医生妙手仁心、设备领先、管理一流，这样才能给人一种值得信赖的感觉，从而达到吸引患者的目的。通常，医疗类的网站都简洁、利落，以蓝色、青色为主色调的居多。以下为医疗类网页的设计原则。

1. 宣传性

医疗类的网页要对医院的实力及亮点进行充分展示，塑造医院的良好形象。

2. 服务性

网页中应该提供尽可能多的服务项目，例如咨询、挂号等功能。

3. 实用性

网页中所提供的各项信息、服务等内容要做到充实而实用。

4. 人性化

在网页内容的设计上，应该以人为本，提高访客的用户体验。这些人性化的设计主要体现于网站中的引导性文字语言、图形语言、个性化互动等方式。

5. 美观性

良好的视觉效果与强大的服务功能同等重要，可以突出医院的文化特色及定位。

6. 交互性

建立异步沟通系统，如帮助中心、留言板、操作指南等，以方便浏览者与医院之间的沟通；建立同步沟通系统，如在线咨询、电话反馈、预约挂号等，以达到即时双向沟通的目标。

7. 友好性

医疗类的网页设计要充分分析访客的心理，让访客在访问网页的过程中体验到一种友好、亲切的氛围。

丁寧な説明と笑顔。患者様と真摯に向き合う。

5.13.1 简洁风格的医疗类网页设计

简洁就是简明扼要，没有繁杂、多余的内容。这类风格的网页设计通常布局简单，内容也很简练，有很大的留白。在颜色上，简洁风格的网页设计通常颜色明度较高，大多会选择比较干净、明亮的颜色。

设计理念：在该网页中，大面积的留白减轻了网页的负担，让信息更加精确无误地传递。网页中右侧的图案与文字相结合，同样能够使信息更好地传递出去。

色彩点评：作为一个妇产科医院，孕妇的心态大多应该是平和、安静的。所以在配色上，选择以高亮度的灰色作为主色调，以白色作为辅助色，两种颜色的对比较弱，所以整个画面形成了一种平静、祥和的氛围。

1 网页中，孕妇的形象非常直观地表达了网页的主题。

2 在画面中以红色作为点缀色，几处红色的图标显得非常活泼，就像新生儿活泼好动的性格一样。

3 在画面中，孕妇安详的面容及画面柔和色彩，可以给访客一种安全、可靠的心理暗示。

CMYK=5,4,4,0 RGB=244,244,244

CMYK=49,39,36,0 RGB=146,149,152

CMYK=0,76,67,0 RGB=253,96,71

在该医疗网页中，以亮灰色作为主色调，给人一种柔和、平静、稳重、和谐的感觉。大量图标的运用，使画面中的内容更容易被访客消化，提高了使用效率。

CMYK=0,0,0,0 RGB=255,255,255
CMYK=7,5,5,0 RGB=241,241,241
CMYK=85,46,53,1 RGB=14,120,124
CMYK=0,51,82,0 RGB=255,156,47
CMYK=64,33,15,0 RGB=102,155,197

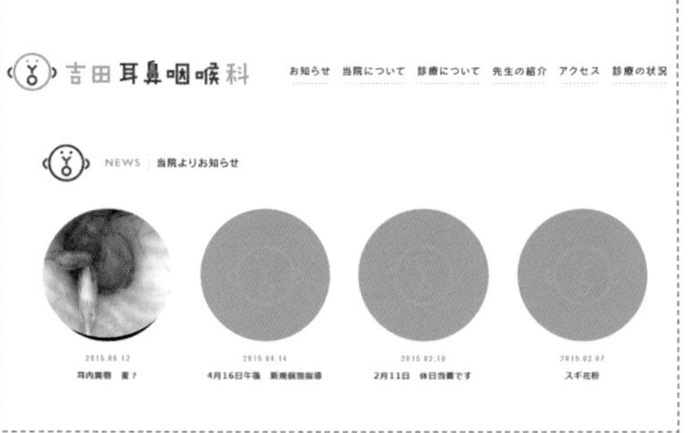

青色、蓝色应用在医疗行业中，可以给人可靠、安全、智慧的感觉。在该网页中，以白色搭配青色，属于冷色调配色，整体上给人一种简单、整洁的感觉。

CMYK=83,60,16,0 RGB=51,103,166
CMYK=69,10,16,0 RGB=51,185,218
CMYK=0,0,0,0 RGB=255,255,255

5.13.2 现代风格的医疗类网页设计

现代网页设计是一种新兴的视觉传达设计形式，已经被广泛运用。现代风格的网页设计无论在布局或配色上，都追求时尚与潮流。这类风格的医疗类网页设计，通常要明确网站的经营模式和网站的定位。只有在网站的内容和形式一致的前提下，现代风格的医疗类网页设计才能够被人们所接受。

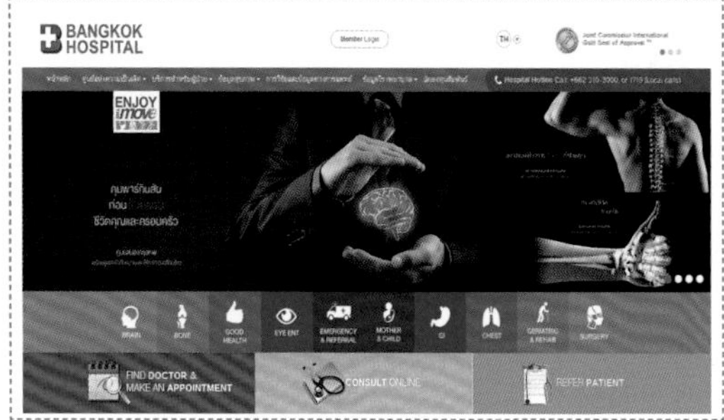

设计理念：在该网页中，以矩形作为每个模块的图形，给人一种稳固、整齐的感觉。画面中带有科技感的宣传图，让整个页面非常具有现代感与科技感。

色彩点评：该网页以蓝色作为主体颜色，并以青色作为辅助色，这两种颜色在色相上十分相近，所以给人一种统一、协调的感觉。

1 医院的科技先进与否，直接影响到医院的医疗水平，该网站以蓝色作为主色调，能够给访客一种科技先进、技术精良的心理暗示。

2 网页中采用了洋红、橙色、湖绿色等颜色作为点缀色，让整个画面颜色变得丰富起来。能够让访客感受到温暖。

3 网页中宣传画的内容极富现代感，非常具有说服力，能够很好地吸引访客的注意。这就说明，在网站中，宣传图、广告等图片的选择是十分重要的。

CMYK=90,84,62,41 RGB=32,43,61
CMYK=75,34,0,0 RGB=0,152,255
CMYK=22,95,41,0 RGB=210,30,100
CMYK=0,46,71,0 RGB=255,166,77
CMYK=72,0,59,0 RGB=0,191,140

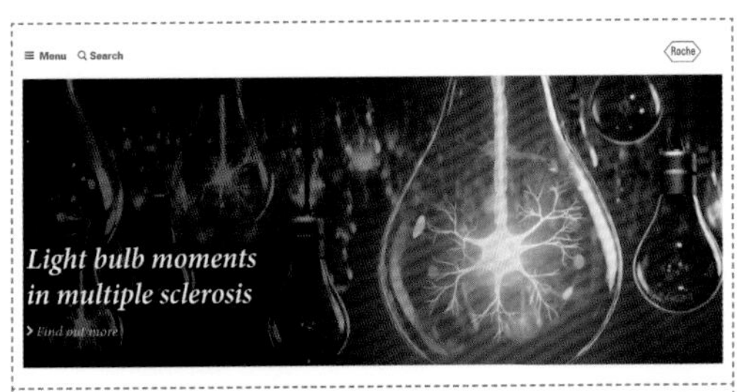

打开网页后，首先看到的就是一幅十分吸引人眼球的宣传图（海报），这是现代网站中常用的手法，这种手法很容易吸引访客，并调动访客的热情。

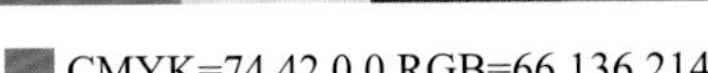

- CMYK=74,42,0,0 RGB=66,136,214
- CMYK=10,12,43,0 RGB=240,226,162
- CMYK=57,79,100,38 RGB=99,54,24
- CMYK=33,71,97,1 RGB=189,100,33

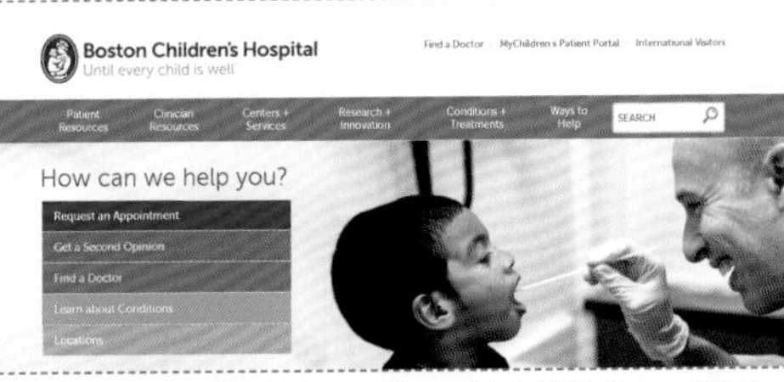

该网页布局严谨、条理清晰，整体上给人一种严肃、认真的感觉。在右侧的宣传画中，面带笑容的医生很好地塑造了一种和蔼可亲的形象，让访客感受到一种友好、热情的氛围。这种方式也广泛应用于医疗类的网页设计中。

- CMYK=97,80,23,0 RGB=0,70,139
- CMYK=68,51,24,0 RGB=100,122,162
- CMYK=69,6,6,0 RGB=20,190,240
- CMYK=83,42,29,0 RGB=0,128,165
- CMYK=6,6,11,0 RGB=243,240,230

网页设计的流行趋势——个性化排版

个性化的排版通常会利用精心挑选或设计的漂亮背景，加上合理的页面布局，视觉冲击力大，可以很好地吸引访客注意。

配色方案

双色搭配

三色搭配

四色搭配

5.14 体育类网页设计

体育类的网页通常用来传递体育资讯、弘扬体育精神，这类网站通常内容丰富，图像较多，利用图形去传递信息和吸引访客的眼球。

体育类的网页设计要注意以下几点。

（1）文字内容要简捷，重点突出，字体、字号、字型都要合适。

（2）界面处理动静结合且适当。

（3）布局合理，简捷、协调、美观，画面均衡。

（4）同样的界面要具有一致性和连贯性的行为。

（5）各种提示信息要简单、清晰。

（6）色彩统一、协调，同一页面避免使用三种以上的颜色。

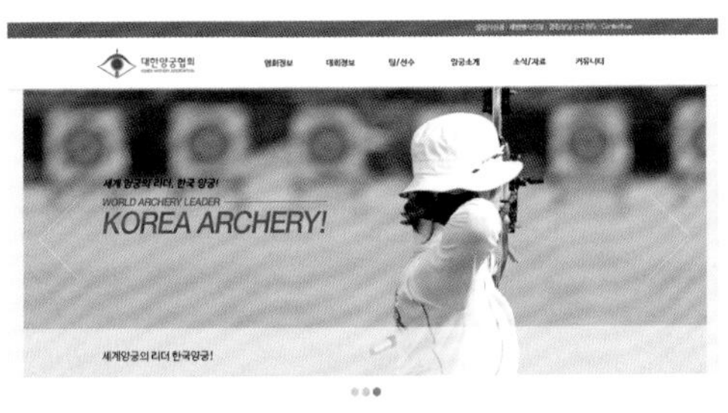

5.14.1 积极风格的体育类网页设计

喜欢运动的人大多有着健康的体魄、积极向上的心理，这也是体育精神的一种表现。积极风格的网页设计正与体育精神相吻合。通常，积极风格的体育类网页设计能够让人有一种振奋、进取的感觉。

设计理念：这是一个采用标题正文型网页布局的设计作品，画面中标题文字非常的突出，非常具有震撼力。而且很好地传递了文字信息，让访客对内容一目了然。

色彩点评：该网页采用对比色的配色方案，大面的青色搭配少量的红色，产生了对比效果，让画面更具视觉冲击力。

①画面中暗角的处理让视线集中在网页的中心位置。

②穿红色衣服的人物在对比色配色的作用下，也非常抢眼。

③人物坚毅的眼神与整个画面的感觉相统一，整个画面非常具有力量感和说服力。

CMYK=22,98,95,0 RGB=209,29,35

CMYK=99,90,60,39 RGB=10,38,64

CMYK=86,65,23,0 RGB=48,94,150

CMYK=7,0,54,0 RGB=255,253,139

CMYK=4,2,3,0 RGB=247,248,248

该网页以大图作为背景，宽阔的视野非常具有代入感。画面中虽然文字内容较少，但视觉设计丰富而不单调。

CMYK=7,9,13,0 RGB=241,234,223

CMYK=74,36,17,0 RGB=63,143,190

CMYK=82,50,19,0 RGB=39,118,171

CMYK=100,95,59,41 RGB=11,31,61

该网页以灰色作为主体颜色，让访客有一种深沉、稳重的感觉。画面中使用精致而富有张力的影像来营造氛围，在很大程度上提高了用户的积极性。

- CMYK=40,100,100,6 RGB=170,11,32
- CMYK=67,36,99,0 RGB=105,142,50
- CMYK=0,0,0,0 RGB=250,250,250
- CMYK=68,59,56,6 RGB=101,101,101
- CMYK=79,73,72,44 RGB=52,53,52

5.14.2 整洁风格的体育类网页设计

整洁风格的网页设计通常干净、大方，去繁就简，条理清晰。它可能没有太多的模块，但是主要的内容一目了然。这种风格的网页设计会有大量的留白，使画面显得整洁而有开放感。

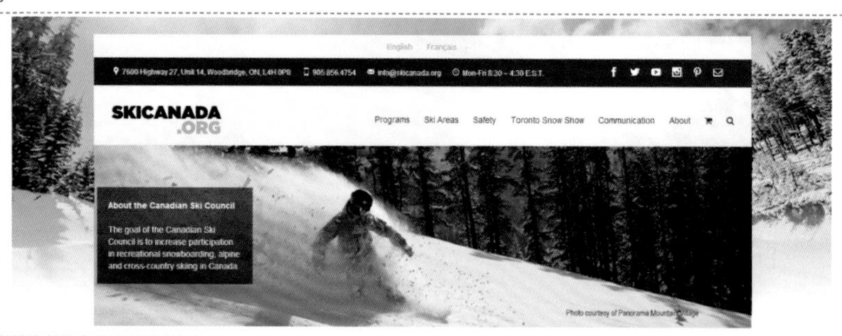

设计理念：该网页采用“口”字型的网页布局，因为网页中的内容精简，所以并不显得拥挤。不仅如此，该网页完备的导航设计使得整个网站的品质感十足。

色彩点评：这是一个以滑雪作为主体的网页设计，青色调的配色给人一种寒冷、冰凉的感受，与该网页的主题相契合。

❶画面中人物滑雪的动势让画面的气氛变得刺激、紧张。

❷以风景素材作为背景，给人一种空间延伸的感觉。

❸青色本身是一种活泼型的颜色，为了使画面稳定下来，该网页以白色搭配深灰色作为导航栏，这样可以让画面看上去更沉稳、踏实。

- CMYK=66,10,13,0 RGB=68,188,225
- CMYK=85,54,44,1 RGB=39,109,131
- CMYK=80,76,73,51 RGB=44,44,44
- CMYK=76,66,58,15 RGB=76,83,91
- CMYK=15,3,0,0 RGB=223,240,255

该网布局清爽，有大胆的设计。精美的图片和简约的布局共同营造出一种愉悦的使用体验。

- CMYK=6,19,86,0 RGB=254,216,23
- CMYK=91,72,0,0 RGB=0,68,212
- CMYK=14,11,11,0 RGB=224,224,224
- CMYK=0,0,0,0 RGB=255,255,255

大胆清晰的排版，在暗色调的背景衬托下，让网站内容在视觉上脱颖而出。而且黄色的文字更是具有积极、热情的意味。

CMYK=5,28,84,0 RGB=253,199,42
CMYK=54,37,60,0 RGB=137,149,114
CMYK=78,74,78,52 RGB=47,46,41
CMYK=89,83,71,58 RGB=23,30,39

网页设计的流行趋势——无限滚动

通过网页滚动要比通过点击链接访问各种信息速度更快，更容易。当然，这里说的无限滚动不是过去的内容杂乱的长的滚动页面。新的设计技术让内容可以被组织和格式化得更容易阅读和理解。

配色方案

双色搭配

三色搭配

四色搭配

体育类网页设计赏析

5.15 餐饮类网页的设计方案

1. 设计说明

现在互联网已经开始普及，很多餐饮企业都建立了自己的网站，这一方面能够给商家提供反馈信息，另一方面，又能够让消费者直接在网上订餐。在设计餐饮类网页时，通常使用诱人色调或者使用精美的食品图片去激发消费者的饮食欲望。在本案例中咖啡馆企业网页的制作上，就充分地利用了这两点。

2. 商家要求

（1）能够通过色彩、图片等元素突出主题。
（2）整个网页的布局要合理，并要营造出一种轻松愉悦的感觉。
（3）页面能够突出新品信息。

3. 解决方案

（1）网页选择咖啡调，紧扣网页的主题。
（2）网页采用拐角型的布局方式，图片和文字信息之间相互联系，条理清晰。
（3）网页中将咖啡图片放在比较显眼的位置，这样能够起到很好的宣传作用。

4. 主推方案

该网页整体采用咖啡色调，使用这种色调，可以紧扣网页的主题，能够引起对咖啡味道、香味的联想。在网页背景的处理上，使用了木板纹理作为背景，给人一种充实感。前景中采用中明度和高明的色彩，与背景形成对比，能够让文字更容易识别。

5. 备份方案 1

该方案降低了页面背景的颜色，增加了前景和背景的对比度，使颜色对比更加鲜明。同时将左侧的模块改成透明，增加了页面的通透感，使画面效果更加灵活多变。

6. 备份方案 2

该方案调整了网页的色调，同时，网页的明度也有所提高。卡其色调的页面可以给人一种亲切、温暖的感觉，同时，也能够让访客联想到咖啡的香气。

5.16 企业类网页的设计方案

1. 设计说明

企业建立自己的网站，不仅能将自己的优势推广出去，还要能够满足用户的需要。这是一家教育机构的企业网站，网站的首页部分以大图作为背景，给人大气、开阔的第一印象。下方的页面图文并茂，简洁大方。

2. 商家要求

（1）能够从网页中体现出企业文化和企业特色。

（2）让网页中的文字与图像相结合，体现出信息的真实性。

（3）整个页面风格要大方、严谨、理性。

（4）整体颜色效果要干练、统一。

3. 解决方案

（1）网页首页部分采用大图作为背景，图片具有同舟共济、同心协力的含义。

（2）网页以蓝色作为主色调，给人以一种稳重、理性的感觉。

（3）该网页导航清晰，简洁的导航栏与整个页面的风格相呼应。

（4）网页整体构图简约，信息专业且具有说服力。

4. 主推方案

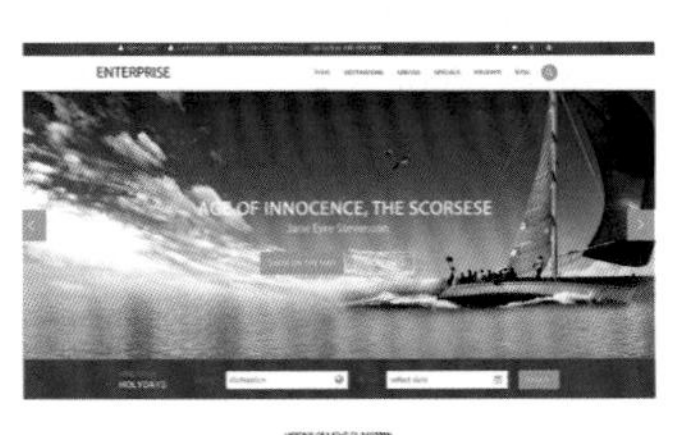

该网页以蓝色作为主色调，以白色作为辅助色，两者搭配在一起，有一种既稳重又落落大方的感觉。蓝色能够给人一种理性、坚硬的感觉，白色的加入，减淡了这种感觉，让整体效果变得更加安静、沉稳。

5. 备份方案 1

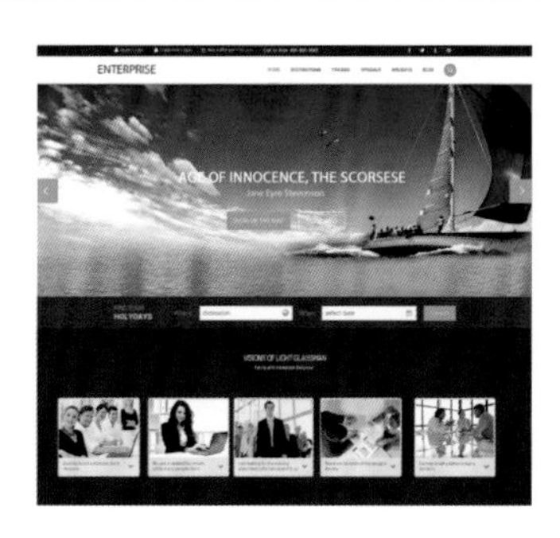

在该网页中，将主色调更改为深青灰色，网页的整体明度变低了，整个网页给人的感觉是严肃、认真的。这时，青绿色的点缀色变得十分抢眼。

6. 备份方案 2

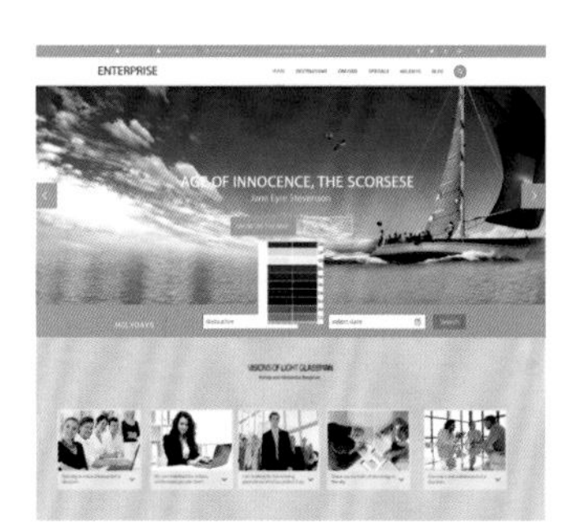

在该网页中，将青绿色作为主色调，青绿色的特性是活泼、明快，作为企业网站的主色调，能够给访客留下深刻的印象。若大面积使用该颜色，则有悖于企业网站的宗旨，所以在下方版面中使用了浅灰色作为背景，这样，能让整个网页看起来稳重、端庄。

5.17 数码类网页的设计方案

1. 设计说明

数码产品是科技与时尚的象征，若要使数码产品在这个高度视觉化的时代中脱颖而出，那么它必须能够凸显数码类产品的特点，并且做到色调与风格相统一。

2. 商家要求

（1）网站整体布局要优美、大方，能够让访客体会到科技的魅力。
（2）网页要在第一时间向访客传递出商品的基本信息。
（3）网页的基本信息要主次分明，将主打产品推广出去。

3. 解决方案

（1）网站的首页以网页广告为主，主要对新产品有宣传、推广的作用。
（2）网页整体的布局简约、大方，没有复杂的装饰和文字。
（3）网页中主打产品占据二分之一的版面，使得它变得更加具有吸引力。

4. 主推方案

该网页以黑色作为导航栏的颜色，这说明它以黑色作为主色调。网页黑色与白色进行搭配，大面积的白色冲淡了黑色的压抑感，让整个画面的色彩更加协调。

备份方案 1

该网页更改了网页的布局和色调。经过更改后，网页为单色调的配色方案，咖啡色给人一种高档、高品质的视觉感受。网页的首页变成满版型的布局，使网页广告更具有冲击力。下方版面是骨骼型的构图，让每一件商品都能得到很好的展示。

备份方案 2

蓝色是最能代表科技感的颜色，该网页以深蓝色为主色调，给人一种冷静、理智的视觉感受。网页的背景和导航栏为两种不同明度的蓝色，这样的设计可以增加网页的层次感，让网页的代入感更加强烈。

5.18 公益类网页的设计方案

设计说明

这是一个专门针对犬类的公益网站，致力于犬类领养、救助、公益、社交等多方面需求。该网站利用网络交互特性，正在努力打造成渗透面最广的犬类主题的公益信息交互平台。网站的宗旨是“交流、互助、平等”，致力于和谐、温馨的交流。

2. 商家要求

（1）用简洁的方式，概括出网站的中心思想。
（2）能够从色调上追求一种平和、包容的意境。
（3）整个网页的布局要注重一种友好性，能够突出善待动物、保护动物的主题。

3. 解决方案

（1）网页使用浅卡其色作为主色调，这是一种具有温暖感觉的颜色，给人一种很平静、和平的感受，符合公益网页的主题。

（2）网页整体布局比较简约，搭配上高明度的色彩基调，显得落落大方。

（3）网页右侧可爱狗狗的形象非常有吸引力，能够吸引爱心人士的注意，激发他们的保护欲望。

4. 主推方案

网站整体选择较为轻柔的色调，利用满版型的构图方式去营造一种平静、安详的气氛。网站构图较为简单，导航栏、标题文字等文字信息集中在画面的左上角，符合阅读习惯，便于访客在较短时间内了解网站的信息。

5. 备份方案 1

该网页将绿色作为主色调，将背景颜色更改为白色。绿色象征着和平、希望，寓意是该网站中所救助的狗都能得到自己幸福的归宿。

6. 备份方案 2

该网页更改了网页的颜色和布局。中明度的灰色给人一种温和但不沉闷的视觉感受。网页下方是带有超链接的图片，这样的设计不仅能够吸引访客的注意，还能够根据图片的内容结合文字去了解信息，是一种很实用的做法。

5.19 农业类网页的设计方案

1. 设计说明

这是一个以水稻种植、培育、杂交、防虫害等为中心内容的农业类型网页设计。该网站以培育高品质有机大米为宗旨，是根植于水稻行业，集水稻种植和销售于一体的网络平台。

2. 商家要求

（1）要求主题突出、寓意深刻。

（2）要求网页为现代风格，能够体现出现代农业的品质与安全。

（3）网页的颜色要能够贴近自然，反映出农业的特色。

3. 解决方案

（1）网页整体以绿色为主题颜色，从颜色上就能体现出农业这一主题。

（2）网页布局为拐角型的布局方式，整体造型简约、现代。

（3）网页中所选的图像能够紧扣网页主题，让访客对网页的基本信息有大概的了解。

4. 主推方案

该网页以中明度的绿色为主色调，绿色象征着天然、健康，这一点与农业网站的主题相契合。网页主页中，成熟、饱满的稻穗能够引起访客的无限遐想。

5. 备份方案 1

该网页将主色更改为亮灰色调，亮灰色与白色的搭配能够带给人一种干净、谦虚的心理感受。以这种色调为网页的背景，可以保证前景中的内容不被颜色所淹没。网页中以绿色为点缀色，它与灰色形成了对比效果，使它在整个画面中变得非常显眼。

6. 备份方案 2

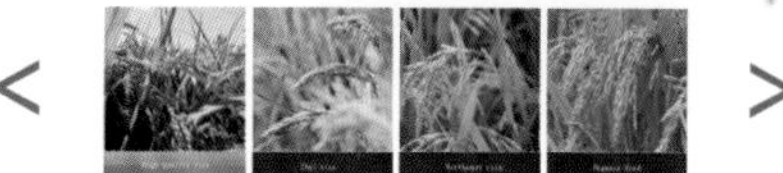

该网页将主色调更改为嫩绿色，嫩绿色的特点是清新、可爱，它象征着希望、娇嫩，也非常适合用作农业网站的主色调。网页在布局上也做了调整，该网页为通栏型的布局方式，整体效果变得开阔、大方。

第6章 网页色彩的视觉印象

在人类的视觉感受中，色彩是不可或缺的视觉元素，优秀的色彩搭配可以让整个页面更具有艺术感染力。同时，色彩也能够给人不同的视觉印象，这是因为，不同波长色彩的光作用于人的视觉器官，通过视觉神经传入大脑后，经过思维，与以前的记忆和经验产生联想，从而形成一系列的色彩心理反应。例如要做一个环保主题的网页，那么首先联想到的就是生命、自然，而这些联想的事物共同色系就是绿色，这就是视觉印象。合理地运用视觉印象，选择被认知的颜色，可以在第一时间与访客进行互动，从而对网站的主题产生共鸣和信赖感。

6.1 清凉

清凉是一种凉而清爽的感觉，它是炎炎夏日中的冰镇西瓜，是初夏宁静的傍晚，是海边的一缕清风。说到清凉，我们也可联想到大海、天空、水域、冰等元素。

相关词语：凉爽、冰凉、舒畅。

代表颜色：蓝色、天蓝色、水晶蓝、青色、水清色、青绿色。

应用行业：饮品类、冷饮类、旅游类。

设计理念：该网页的布局方式很有创意，它将版面分为两个部分，左侧为实景照片，右侧为矢量插画，这样的效果既有一种对称的美感，又有多元的变化。

色彩点评：该网页采用淡青色作为主色调，给人一种清爽、冰凉的感觉。尤其是在夏天，若看见这样的网页，心情一定会很舒畅，还会引发消费者的购买欲望。这样就达到了网页吸引访客注意、促进商品销售的目的。

1 青色与黄色为对比色，所以网页中黄色的商品非常引人注意。

2 该网页中内容较少，在布局上也十分简单，所以整个页面主题突出，方便使用。

3 淡青色与白色的搭配让画面的色彩更加明亮、干净。

CMYK=73,16,7,0 RGB=0,175,229

CMYK=53,6,10,0 RGB=121,204,233

CMYK=10,3,0,0 RGB=235,244,253

CMYK=9,5,4,0 RGB=237,241,244

CMYK=9,5,4,0 RGB=237,241,244

该网页采用类似色的配色方案，青绿色与青色的搭配让人觉得画面色彩统一、协调。这样海报式的画面结构也可以为访客留下深刻的印象。

CMYK=0,0,0,0 RGB=255,255,255

CMYK=72,19,12,0 RGB=45,171,218

CMYK=79,36,0,0 RGB= 0,142,218

CMYK=70,0,28,0 RGB= 0,197,206

CMYK=59,0,41,0 RGB= 0,246,197

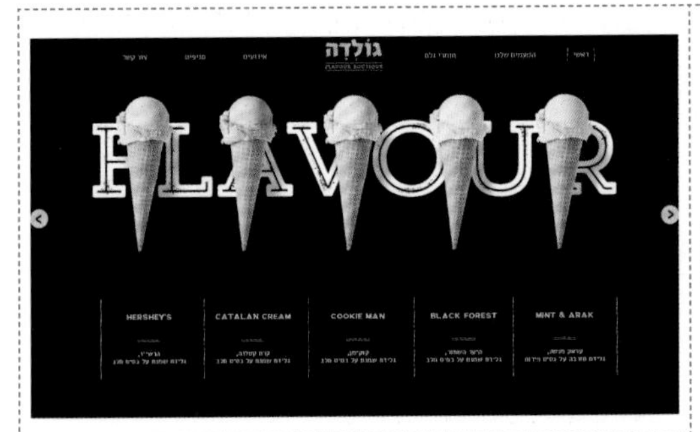

选择深蓝色作为主体颜色，是一种打破常规的配色方法，因为一般设计做一个冰激凌主题的网页时都会去选择青色、淡蓝色这样比较清新的颜色，但是在该网页中，这种深蓝色反倒是让访客眼前一亮。同时，整个画面颜色的反差较大，也具有强烈的视觉冲击力。

CMYK=26,0,18,0 RGB=201,241,226
CMYK=26,0,18,0 RGB=201,241,226
CMYK=0,43,59,0 RGB=255,174,107
CMYK=0,58,18,0 RGB=254,143,165
CMYK=32,59,0 RGB=189,146,108
CMYK=100,100,63,32 RGB=8,14,70

颜色有“性别”

每个人都有自己的颜色喜好，而且男性与女性之间的喜好还有所不同。调查显示，男性和女性都喜欢蓝色和绿色，男性和女性都比较讨厌橙色和褐色。而不同的是，男性喜好黑色、讨厌紫色，女性则喜好紫色、讨厌灰色，所以说颜色是有“性别”之分的。在网页设计的配色中，不妨考虑网页的受众群体，然后再去考虑网页的色彩搭配。

	喜欢的颜色		喜欢的颜色	
♂男	蓝色	黑色	橙色	紫色
♀女	绿色	紫色	褐色	灰色

配色方案

网页设计赏析

6.2 热情

热情指人参与活动或对待别人所表现出来的热烈、积极、主动、友好的情感或态度。提到激情，我们可以联想到好客的主人、积极向上的情绪，以及高涨的情绪。能够代表热情的颜色通常是暖色调，因为暖色调让人感觉温暖，友好。

相关词语：激情、热烈、有爱、善良、真诚、友好。

代表颜色：黄色、红色、橙色、绿色。

应用行业：服务类、教育类、食品类、服饰类、运动类。

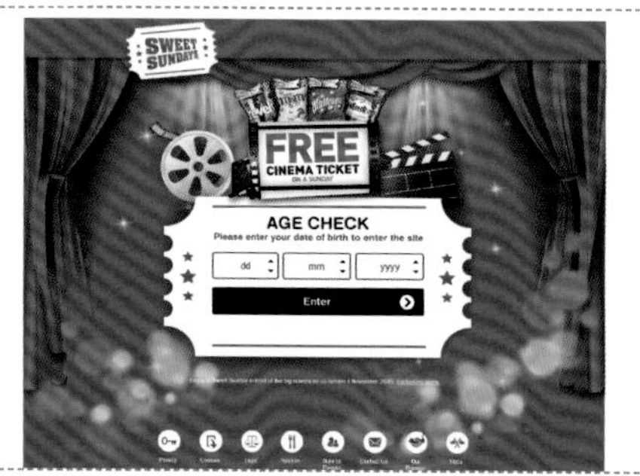

设计理念：该网页采用“口”字型的布局方式，将画面主要内容集中在一起，可以让访客的视线集中，让网页的主题表现得更加明确。

色彩点评：该网页以红色为主色调，采用单色调的配色方案，整体色调和谐、统一。红色是非常具有感染力的颜色，整个画面呈现出节日的热情气氛。

❶在该网页中，以橘红色为点缀色，这种采用类似色作为点缀色的方法，在同类色配色方案中也十分常用。

❷在该网页中，白色不仅是点缀色，还有提亮画面颜色，让文字更加突出的作用。

❸网页中各部分条理清晰，让访客在第一时间内就能了解网页的主要功能。

CMYK=12,99,100,0 RGB=227,0,11
CMYK=54,100,100,44 RGB=99,0,4
CMYK=10,90,98,0 RGB=231,56,18
CMYK=100,100,100,100 RGB=0,0,0
CMYK=0,0,0,0 RGB=255,255,255

该网页以橙色为主色调，给人一种热情、温暖、欢乐的视觉印象。海报型的布局方式，非常具有艺术表现力。

CMYK=0,0,0,0 RGB=255,255,255
CMYK=25,79,100,0 RGB=204,84,2
CMYK=26,89,100,0 RGB=203,59,15
CMYK=0,72,92,0 RGB=255,105,0
CMYK=18,47,42,0 RGB=218,156,138

该网页以黄色为主色调，以蓝色和红色作为点缀色，是对比色配色方案。黄色的主色调给人友好的、热情的、愉快的感觉，然后对比色配色方案让颜色产生碰撞，使画面热情的气氛更加浓烈。

CMYK=55,82,100,34 RGB=109,52,9
CMYK=7,98,90,0 RGB=235,9,33
CMYK=100,99,36,1 RGB=33,40,117
CMYK=7,0,48,0 RGB=253,251,157
CMYK=7,14,73,0 RGB=252,224,83
CMYK=247,177,12 RGB=6,39,91,0

网页设计中配色的忌讳

颜色能够给访客一个最基本的视觉印象，恰当的色调运用，能够帮助突出产品特色以及经营理念等，促进企业的网络营销。在网页配色中，有以下几点忌讳。

忌脏

画面颜色要简单、干净，背景与文字对比要强烈。浑浊的颜色会使访客失去热情。

忌纯

高纯度的颜色太艳丽，对人眼的刺激太强烈，容易引起缺乏内涵、不够含蓄的后果。

忌跳

配色讲究相互映衬，不能脱离整体。

忌花

网页的配色通常以一种颜色为主色调，颜色太多会干扰访客的视线。

忌弱

这种“弱”是对比的弱。虽然对比弱能够产生一种柔和、温柔的视觉感受，但对比过弱的话，就会显得过于苍白。

配色方案

网页设计赏析

6.3 干净

若要制作一个看起来干净的网页，首先颜色需要选择高明度、低纯度的颜色，白色是最常用的颜色；其次是内容要简单，例如选择简单的图案和简约的布局方式等。

相关词语：简洁、洁净、素雅、利落、整洁。

代表颜色：白、月光白、雪白、象牙白、亮灰、浅粉红、奶黄、白青色、爱丽丝蓝、水晶蓝。

应用行业：餐饮类、食品类、美妆类、设计类、医疗类。

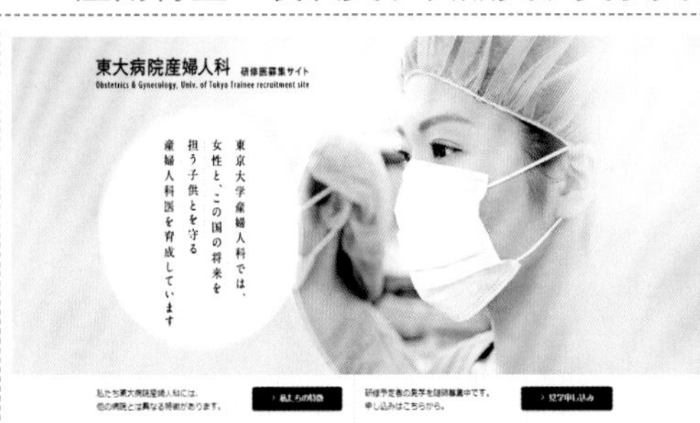

设计理念：从画面的图像可以看出，这是一个医院的网站，画面中的文字信息非常的简练，构图十分简洁。

色彩点评：该网页采用高明度、低纯度的配色方案，虽然画面中颜色种类多，但都是对比很弱，所以给人一种很柔和的视觉感受。

1. 画面中的圆形分模块给人一种柔和的曲线美感。
2. 直排的段落文字打破了常规的阅读方式，可以吸引访客的注意。
3. 网页的色彩柔和、干净才符合网站的主题，也才能给人一种舒缓、镇定、友好的感觉。

CMYK=1,1,1,0 RGB=252,252,252

CMYK=14,6,5,0 RGB=226,235,240

CMYK=12,14,8,0 RGB=229,229,229

CMYK=12,5,21,0 RGB=233,237,212

CMYK=81,76,74,53 RGB=42,42,42

该网页以灰色作为主色调，然后用一种低饱和度的颜色做点缀色，这个画面给人一种干净、优雅的视觉体验。

CMYK=11,77,49,0 RGB=231,92,102

CMYK=9,37,78,0 RGB=241,179,68

CMYK=69,14,53,0 RGB=74,173,144

CMYK=81,52,40,0 RGB=55,113,137

CMYK=3,3,2,0 RGB=248,248,249

说到干净不得不提白色，白色本身就是非常干净的颜色，例如在该网页中，以白色作为底色，加上少许青色、紫色作为点缀，整体效果就非常干净、大方。

CMYK=56,63,0,0 RGB=159,105,226

CMYK=82,52,0,0 RGB=15,119,235

CMYK=68,0,15,0 RGB=13,199,232

CMYK=69,29,0,0 RGB=70,160,238

CMYK=0,0,0,0 RGB=255,255,255

网页设计的基本思路

网页设计随着时代的发展，一直在不断地变化着，它不停地涌现着各种新思潮、新理念、新技术。虽然如此，网页设计的基本思路是不变的。

（1）内容决定形式。

先把内容充实上，再分区块，再定色调，再处理细节。

（2）先整体，后局部，最后回归到整体。

在设计之初，要从全局进行考虑，有一个大的方向；然后定基调，分模块设计；最后调整不满意的几个局部细节。

（3）功能决定设计方向。

在设计网页的时候一定要考虑网页的用途。例如为教育网站进行设计，那么就要突出师资和课程。

配色方案

网页设计赏析

6.4 环保

环保是一种新的生活理念，是一种人与环境之间的协调关系。说到环保，我们第一时间想到的就是绿色，因为绿色代表着森林，代表着自然；我们也能想到蓝色，因为蓝色可以是晴朗的天空、湛蓝的湖水。

相关词语：绿色、健康、节能、卫生。

代表颜色：绿色、白色、蓝色。

应用行业：建材类、汽车类、科技类、能源类、行政类、工程类、社会类。

设计理念：网页以矩形为分割方式，将画面分为四份。每一份都有自己的职能，组合起来又相互关联，形成一个整体。

色彩点评：绿色是最能体现环保的颜色，绿色有很多种，选择哪一种绿色作为主体颜色，就是设计师需要考虑的了。

在该网页中，选择孔雀石绿作为主体色，这种绿色，给人一种深沉、严肃的感觉，在表现环保这一主题上显得非常具有说服力。

1 孔雀石绿与黑色的搭配象征着自然的博大与接纳。

2 网页中左侧的导航栏简单易懂，便于使用。

3 画面中，圆形的图案打破了矩形拼接方式的死板。

CMYK=77,13,59,0 RGB=0,168,134

CMYK=85,80,79,66 RGB=26,26,26

CMYK=0,0,0,0 RGB=255,255,255

CMYK=33,26,25,0 RGB=182,182,182

该网页的配色特别能够体现环保这一视觉印象，大面积的白色给人干净、透明、纯净的感觉，然后以绿色作为点缀色，给人一种健康、活力的感觉。整个画面在色彩明度上没有强烈的对比，所以画面整体效果看上去自然、清新。

CMYK=76,14,91,0 RGB=44,166,73

CMYK=154,203,60 RGB=48,4,88,0

CMYK=21,16,15,0 RGB=210,210,210

CMYK=0,0,0,0 RGB=255,255,255

该网页的色彩比较浓郁，是由绿色过渡到蓝色，这也象征着从森林到海洋。虽然画面颜色比较简单，但是，这种从一种色相过渡到另一种色相的配色方式，给访客带来了无尽的想象空间。

CMYK=0,0,0,0 RGB=255,255,255

CMYK=73,0,100,0 RGB=25,186,13

CMYK=100,98,55,8 RGB= 0,35,100

进度条与加载图标的妙用

由于网页的内容、网站的带宽等因素都会影响网页的加载速度。为了避免用户在等待的过程中退出，通常会利用进度条告知用户大概还有多久。通过人性化的设计去表达进度条或加载图标，将它们变成具有创意的形态，这样可以吸引访客留在网页中继续等待。

配色方案

网页设计赏析

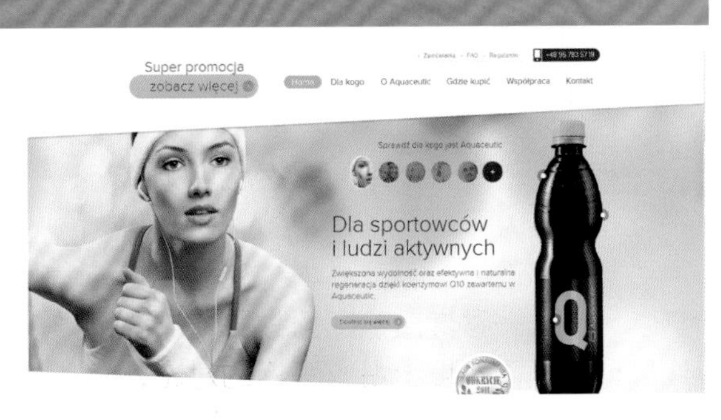

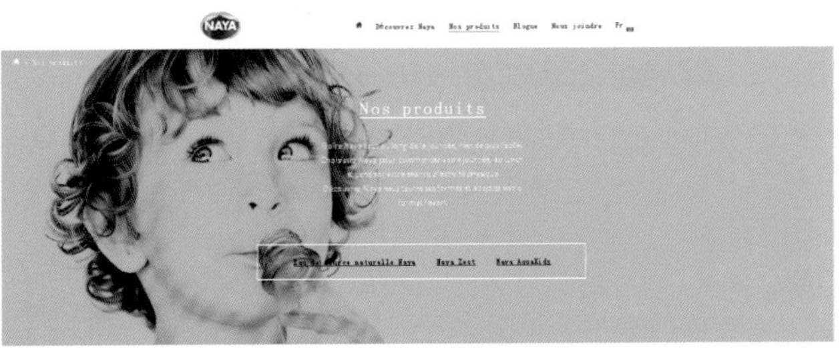

6.5 坚硬

如果要用颜色去表现坚硬的质感，那么它必须是低明度色彩基调。生活中常见的比较坚硬的东西例如石头、木材、钢铁都是低明度的色彩基调。

相关词语：强硬、刚强、结实、坚固、健壮、牢固。

代表颜色：黑色、深灰、藏蓝、深褐色、深咖啡色。

应用行业：建筑类、建材类、设计类、政治类、法律类。

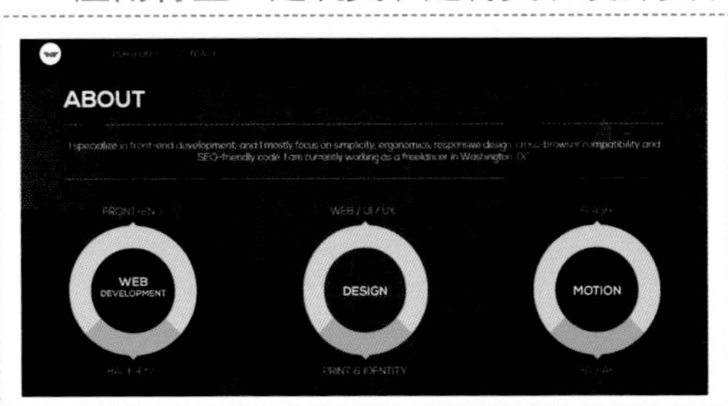

设计理念：网页中的内容给人一种很饱满的感觉，但是，又不显得很拥挤。这是因为它的背景与前景处理非常得当，半透明效果的背景给人一种丰满的感觉，前景中的主要内容却采用了留白的手法，很好地将主题进行了突出。

色彩点评：如果网页中都采用低明度的配色，那么很容易就会产生沉闷、死板的感觉。在该网页中，以黑色作为背景颜色，奠定了坚硬、刚毅的视觉印象；前景中，青色的点缀色非常活泼。这种色相上的反差完美地突出了主题。

1 从背景的设计到前景的排版，整个版面非常注重留白的处理，让页面能够自由呼吸。

2 对于网页中一些难理解的信息或文字，采用图案的表达方法非常有效。

3 青色的点缀色起到锦上添花的作用。

CMYK=100,100,100,100 RGB=0,0,0

CMYK=82,77,75,55 RGB=39,39,39

CMYK=33,0,6,0 RGB=178,240,255

CMYK=66,0,3,0 RGB=0,204,255

这是一个非常具有民族风格的页面设计，深灰色调的配色方案给人一种岁月沉积下来的沧桑美感。画面中的一点红色在这样的色调中显得异常鲜艳，是整个画面的点睛之笔。

CMYK=16,98,100,0 RGB=221,16,18

CMYK=59,53,67,4 RGB=125,117,91

CMYK=72,65,61,16 RGB=87,85,86

CMYK=100,100,100,100 RGB=0,0,0

这是一个家装公司的网页设计，深咖啡色主体色调给人一种高端、品质的感觉。“口”字型的布局方式将作品分为不同细节进行展示，这样能够充分地对自己的产品进行展示，让访客快速地了解主题。

CMYK=19,15,15,0 RGB=215,215,215

CMYK=69,66,69,23 RGB=89,80,71

CMYK=57,63,81,14 RGB=123,94,62

CMYK=51,44,47,0 RGB=142,138,129

CMYK=79,79,85,66 RGB=34,27,21

网页色彩的搭配原理

对于一个网页而言，色彩是一项重要的视觉语言。优秀的色彩搭配可以起到为画面锦上添花的作用。

（1）色彩的鲜明性。网页中鲜明的色彩更容易引起人们的注意。

（2）色彩的独特性。与众不同的颜色，给人一种全新的视觉感受，使访客对网页产生深刻的印象。

（3）色彩的合适性。在选择配色方案时，要从网页中的内容出发，让颜色与网页的气氛相适合。

（4）色彩的联想。不同的颜色能够产生不同的联想，选择色彩要与网页的内涵关联。例如，红色能够使人联想到喜事，绿色能够联想到森林。

配色方案

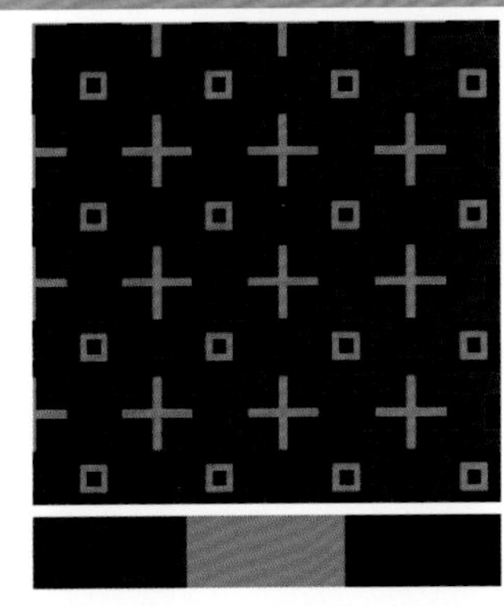

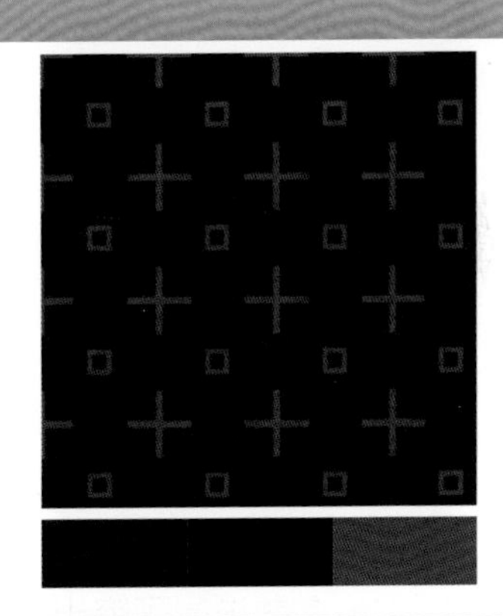

网页设计赏析

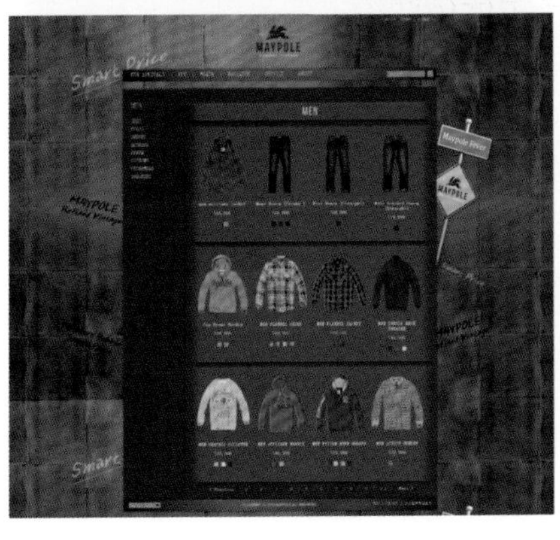

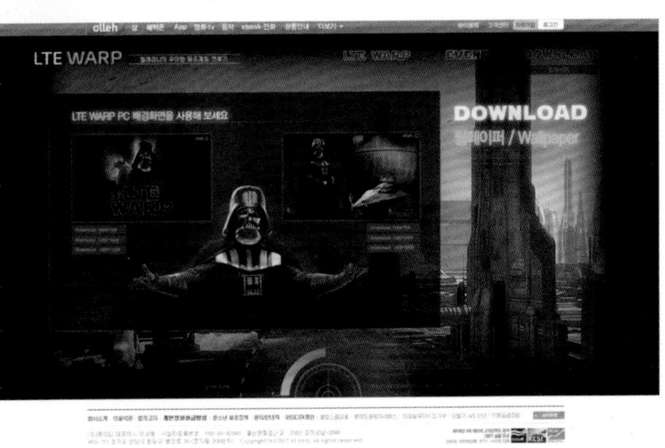

6.6 理性

理性是褒义词，说明一个人的成熟举止和谨慎的品行。若要让配色体现理性的视觉印象，冷色调是首选，蓝色、青色都可以表现理性。低明度的色彩基调也能够体现理性。但在配色的过程中，可以通过颜色明度、色相的对比去增加画面的动感和韵味，这样才能够体现出一种思维敏捷、理性大方的感觉。

相关词语：理智、明智、冷静、清醒。

代表颜色：黑色、深灰、灰色、藏蓝色、深青色。

应用行业：教育类、法律类、服装类、科技类。

设计理念：该网页中既有丰富的文字信息，又有图案信息。现在很多网页都希望用大图去吸引访客，而在该网页中，排版非常理性，图文并茂，条理清晰。

色彩点评：该网页采用青灰色的主色调，这种颜色可以代表着深沉、冷静。画面中采用单色调的配色方案，颜色有节奏的变化，引导访客的视线向下移动。

1. 该网页属于低明度色彩基调，白色的标题文字在这样的对比作用下显得非常突出、明确。
2. 该网页无论从颜色还是布局方式上看，表达都非常理性，这样的网站深受男性访客的喜爱。
3. 青色调同样适用于忧郁、安静的视觉印象。

CMYK=97,91,73,66 RGB=4,15,29
CMYK=86,68,52,11 RGB=50,82,102
CMYK=50,25,22,0 RGB=142,175,191
CMYK=100,100,100,100 RGB=0,0,0
CMYK=0,0,0,0 RGB=255,255,255

该网页为科技类的网站设计，如果要表现科技，那么蓝色是首选的颜色。该网页中蓝色与白色的搭配给人一种理智、现代的视觉印象。

CMYK=59,41,21,0 RGB=123,143,176
CMYK=0,0,0,0 RGB=255,255,255
CMYK=9,5,5,0 RGB=236,240,241
CMYK=100,90,1,0 RGB=13,46,160

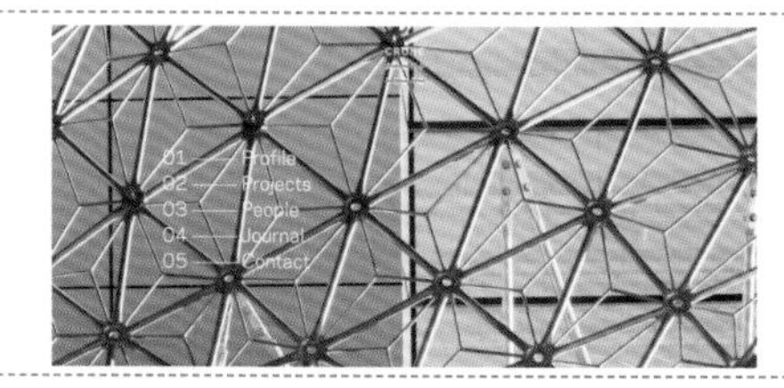

该网页采用单色调的配色方案，灰色调的配色，整体上给人一种安静、稳重、平和的视觉感受。左侧的版面颜色较深，所以视觉中心在左侧，文字被排放在这里。

CMYK=83,33,70,0 RGB=2,137,104
CMYK=0,0,0,0 RGB=255,255,255
CMYK=76,70,67,33 RGB=65,65,65
CMYK=52,41,39,0 RGB=140,144,145
CMYK=29,18,20,0 RGB=193,201,200

如何突出网页的风格

网页的风格是画面的整体形象给浏览者的综合感受。这个整体形象包括网站的配色、字体、页面布局、页面内容、交互性、海报、宣传语等因素。企业网站是对外的一种公共形象，所以它一般与企业的整体形象相一致。做到以下几点可以突出网页的风格。

（1）突出网页的 Logo。

（2）突出网页的标准色。

（3）采用具有号召力的宣传标语。

（4）对相同类型的图像采用相同效果。

配色方案

双色配色　　三色配色　　四色配色

网页设计赏析

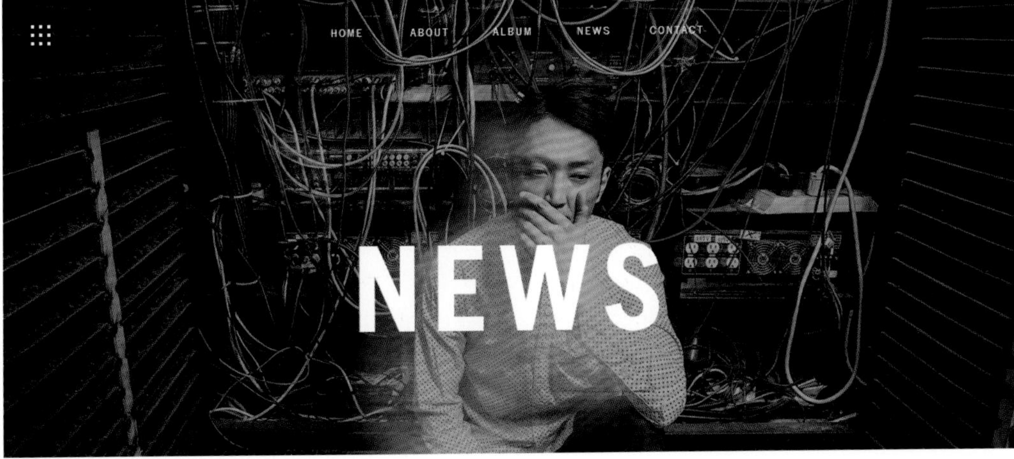

6.7 健康

说到健康，我们首先会联想到健康的身体，那么如何才能有一个健康的身体呢？我们要吃健康的食品、要锻炼身体、要有积极的心态等，所以，要从生活中去寻找能够表现健康的颜色。绿色代表自然、新鲜；黄色、橙色代表积极向上；红色代表热血、激情；青色代表年轻、活力。这些颜色都能够让人感受到健康。

相关词语：健壮、强健、生机、活力、积极。

代表颜色：绿色、黄色、橙色、红色、青色。

应用行业：食品类、保健品类、药品类、教育类、农副产品类、化妆品类、餐饮类。

设计理念：该网页的内容非常丰富，文字信息很多，所以在版式设计上需要花很多功夫。网页自上而下，标题、正文、副标题等文字信息都很具有条理，非常便于访客的阅读和理解。

色彩点评：绿色是非常能够代表健康的颜色，绿色可以代表树林、蔬菜、清新的空气。该网页中，就是采用绿色的配色方案，整个画面色调统一、和谐，视觉感受非常舒适。

1. 该网页中采用同类色渐变的手法，这样的配色给人一种视觉统一，颜色又有运动的感觉。

2. 网页中还使用到了类似色作为点缀色，这样的配色非常有活力。

3. 在该网页中，主要的信息是通过文字去表达的，所以在文字的排版上就非常重要。

CMYK=69,8,100,0 RGB=77,177,3
CMYK=27,0,74,0 RGB=211,233,88
CMYK=77,35,100,1 RGB=63,136,20
CMYK=90,60,46,3 RGB=16,98,122

在该网页中，以食材的图像作为背景，画面中都是新鲜的蔬菜，使我们能够感受到画面传递出来的健康视觉感受。

CMYK=20,99,100,0 RGB=214,9,0
CMYK=15,91,100,0 RGB=223,53,4
CMYK=8,68,97,0 RGB=237,114,0
CMYK=5,22,89,0 RGB=254,209,1
CMYK=63,98,45,6 RGB=123,38,95
CMYK=67,39,100,1 RGB=104,136,1

该网页以橙色为主色调，这种颜色非常的具有活力，能够引发一种积极的、快乐的情绪。画面中，图像中的橙色与导航栏中的橙色相相映成趣。

CMYK=12,83,99,0 RGB=227,76,13
CMYK=0,0,0,0 RGB=255,255,255
CMYK=37,50,56,0 RGB=179,139,111
CMYK=11,6,5,0 RGB=231,236,240

网页中图形的运用——点

图形无处不在，它是一种特殊的语言，在网页设计中随处能够看到图形的运用。点是最基本图形，是最常见的图形之一。在网页中，单独而细小的形状为“点”，点的面积较小，但是它的形态、方向、位置、大小都可以变化。点的形态变化比较灵活，点排列的疏密程度不同，也会给人不同的空间感。

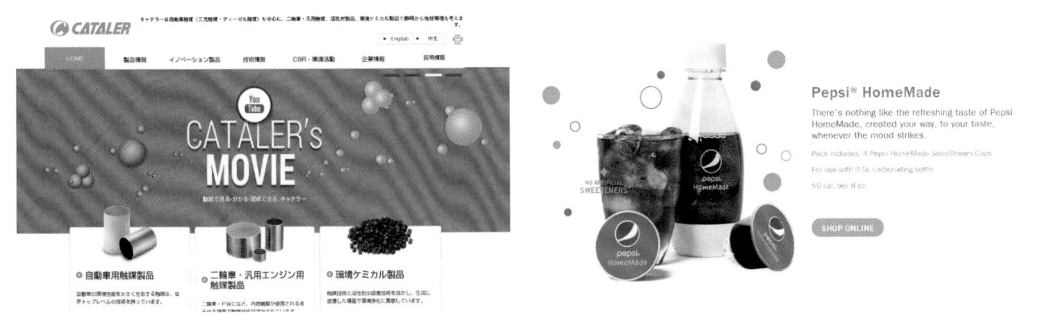

配色方案

网页设计赏析

6.8 甜蜜

甜蜜可以是一种口感，也可以是一种感受。例如，吃一块丝滑的巧克力味道是甜蜜的，一段美好的爱情感受是甜蜜的。能够让人感觉甜蜜的颜色通常为高明度、低纯度的色调，就像棉花糖的颜色。

相关词语：浪漫、幸福、甜美、愉悦、舒适、可爱。

代表颜色：粉红色、洋红色、淡紫色。

应用行业：婚庆类、冷饮类、服饰类、甜品类、母婴类、购物类。

设计理念：该网页采用满版型的布局方式，整体内容也比较多。商品图片所占面积较大，所以具有吸引力和号召力。画面中，文字条理清晰，主次分明，很容易让访客理解与记忆。

色彩点评：该网页采用了同类色的配色方案，粉色调的配色给人一种温馨、甜蜜的感觉。该网页设计主要针对女性，粉色调的配色十分讨女生的喜欢。

1. 网页中所宣传的商品为水蜜桃口味，粉色调的配色与商品口味相呼应。
2. 从画面的色调及配图能联想到商品的口感，从而引起消费者的购买欲望。
3. 画面中以粉色作为主色调，红色和洋红色作为点缀色，使整个画面的气氛非常欢乐多彩。

CMYK=0,31,3,0 RGB=255,202,220

CMYK=1,9,0,0 RGB=252,240,250

CMYK=12,97,83,0 RGB=227,22,45

CMYK=2,95,14,0 RGB=245,0,129

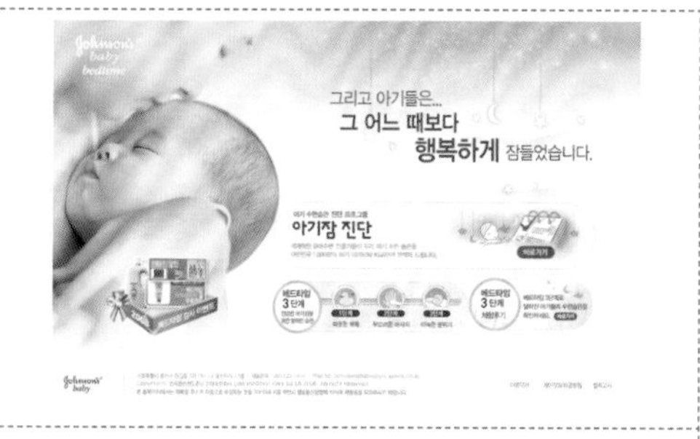

该网页是母婴类的网页设计，柔和的紫色调给人一种亲情、放松的愉悦心理感受。试想一下，一个母亲抱着自己可爱的婴儿，此刻的心情就该是那种甜蜜、幸福的感觉吧！

CMYK=61,66,12,0 RGB=127,102,164

CMYK=13,15,1,0 RGB=228,221,237

CMYK=0,0,0,0 RGB=255,255,255

粉色是很多女孩子喜欢的颜色，代表着可爱、甜蜜、浪漫。该网页选择淡粉色为主色调，一方面是因为该网页中所宣传的商品为草莓口味的，粉红色与商品颜色相呼应；另一方面，粉色调很讨女孩子喜欢，可激发购买欲。

CMYK=3,94,77,0 RGB=243,31,50

CMYK=0,16,8,0 RGB=254,229,227

CMYK=0,7,2,0 RGB=255,245,246

网页中图形的运用 -- 线

线在构图中起着表示方向、长短、重量、刚柔的作用，还能产生方向性、条理性。在网页中线是用来分割画面的主要元素，以线为构图要素的网页，可以给人一种规则感和韵律感。

配色方案

网页设计赏析

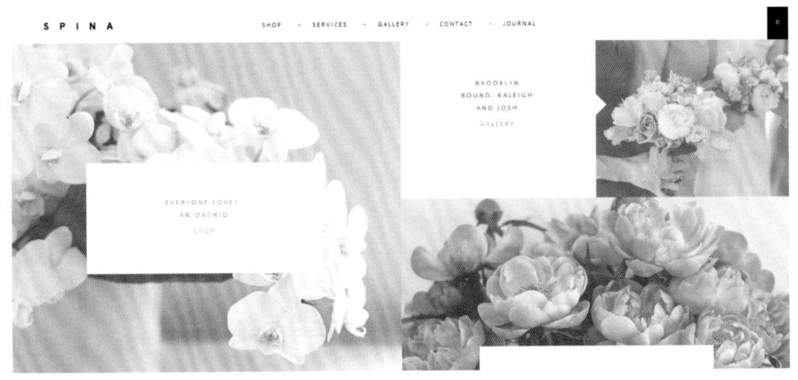

6.9 生机

生机是形容生命力旺盛的样子，对此，我们可以联想到初春的大地，万物复苏，嫩绿的叶子在拼命地生长；也可以联想到出生的婴儿，在大声地啼哭，向世界宣告自己的降生。绿色是最能代表生机的颜色，黄绿色调代表新发的嫩叶，虽然柔弱，但充满希望；碧绿代表初夏的森林，象征着旺盛的生命力。

相关词语：活力、希望、绿色、进取、旺盛。

代表颜色：绿色、嫩绿、黄绿、黄色、橙色。

应用行业：农副类、设计类、食品类。

设计理念：这是一个网站的首页，在画面中以一整幅大图作为背景，给人一种饱满、宽阔的视觉印象。图片中，利用近实远虚的关系，让视线向远处延伸。

色彩点评：该网页为中明度的色彩基调，整体为绿色调。嫩绿色的颜色给人一种希望和生机。尤其是前景中嫩绿的叶子，紧扣网页的主题。

❶该网页中，是通过图像去表现生机、春天、农业这样的主题的，前景中的几行文字信息显得简明扼要。

❷画面中其他的颜色都比较"浑浊"，很好地将前景的中嫩绿色图像衬托出来。

❸从画面中新翻的土地和嫩绿的叶子可以看出是春天，整个画面看起来透着勃勃的生机。

CMYK=52,21,99,0 RGB=146,175,31

CMYK=63,76,69,27 RGB=100,66,65

CMYK=72,4,90,0 RGB=56,181,73

CMYK=1,14,24,0 RGB=253,230,199

CMYK=51,41,43,0 RGB=142,143,137

这是一个非常有活力的网页设计，橙色与绿色为对比色，给人一种强有力的视觉冲击力。在该网页中，绿色可以代表大地，橙色代表阳光，对比色的配色方法代表着生机与活力。

CMYK=10,0,83,0 RGB=255,252,0

CMYK=0,0,0,0 RGB=255,255,255

CMYK=0,46,88,0 RGB=255,165,25

CMYK=68,19,100,0 RGB=92,165,24

该网页选择了单色调的配色方案，绿色调的配色给人一种自然、亲切、生机的视觉感受。画面中，纯色面积占得大，图像和文字内容少而简练，给人一种简约、时尚的视觉感受。

CMYK=0,0,0,0 RGB=255,255,255

CMYK=48,6,79,0 RGB=153,201,86

CMYK=53,6,86,0 RGB=138,195,70

CMYK=51,8,98,0 RGB=147,194,30

网页中图形的运用——面

面的面积较大，形态也灵活多变。它比点与线更加具有吸引力。不同的图形能够带给人不同的感觉。例如，矩形给人一种平衡感；正三角给人一种稳定感；倒三角给人危机感；圆形给人温柔、舒适的感觉。

配色方案

网页设计赏析

6.10 朴实

朴实通常是指一种节俭、朴素的生活态度。能够体现朴实的色彩都应该是中性色，它的特点是中明度色彩基调，没有明显的色相对比，整体色调柔和、不刺激。朴实的配色虽然不够鲜明、刺激，但是它带着岁月的积淀，平淡而伟大。

相关词语：质朴、淳厚、诚恳、朴素、俭约、憨厚、古典。

代表颜色：褐色、灰色、棕色、茶色、咖啡色、米色、青灰色。

应用行业：农副类、民俗类、手工类、艺术类。

设计理念：这是旅游网站的一个页面，整个画面带有强烈的民族色彩，主题性非常强。

色彩点评：该网页为中明度色彩基调，灰褐色调的配色给人一种年代感，与这种民族风格相呼应。

1 该网页采用海报式的布局方式，画面中的人物动态十足，引人入胜。

2 该网页采用单色调的配色方案，色调随着位置而变化。

3 画面中，文字位于画面中的中心位置，有利于视觉的引导。

CMYK=48,52,64,1 RGB=154,127,97

CMYK=27,28,35,0 RGB=199,184,163

CMYK=14,14,17,0 RGB=227,220,210

CMYK=100,100,100,100 RGB=0,0,0

该网页的布局简单，白色的界面给人一种清爽、干净的感觉。画面中的图像色调柔和，浅灰色的色调给人一种朴实、稳固的感觉。

CMYK=0,0,0,0 RGB=255,255,255

CMYK=14,12,22,0 RGB=228,224,204

CMYK=17,18,30,0 RGB=221,210,183

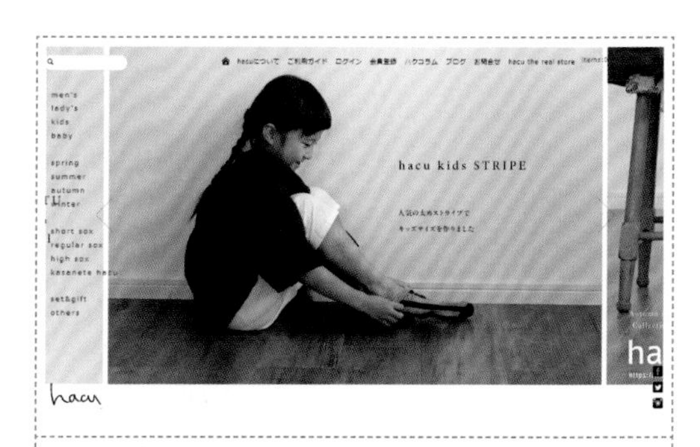

该网页画面以灰色为主色调，单色调的配色方案给人一种柔和、安静的感觉。该网页的布局方式非常简约，分类清晰，让访客一目了然。

CMYK=100,100,100,100 RGB=0,0,0

CMYK=90,83,73,61 RGB=20,28,35

CMYK=63,62,61,9 RGB=111,98,92

CMYK=31,28,28,0 RGB=187,181,176

创意的404页面设计

404页面是客户端在浏览网页时，服务器无法正常提供信息，或是服务器无法回应，且不知道原因时所返回的页面。当用户浏览网页时，遇见404错误页面是非常令人沮丧的，一般人的第一反应是关掉网页。如果提供一个具有创意的错误页面，就可以继续吸引用户浏览网页中的其他内容了。

配色方案

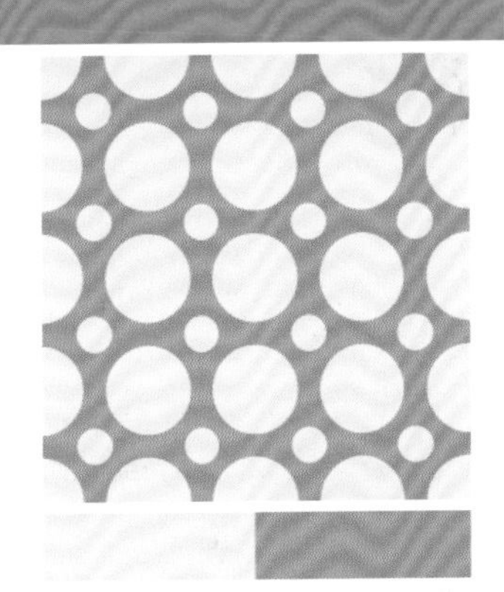

网页设计赏析

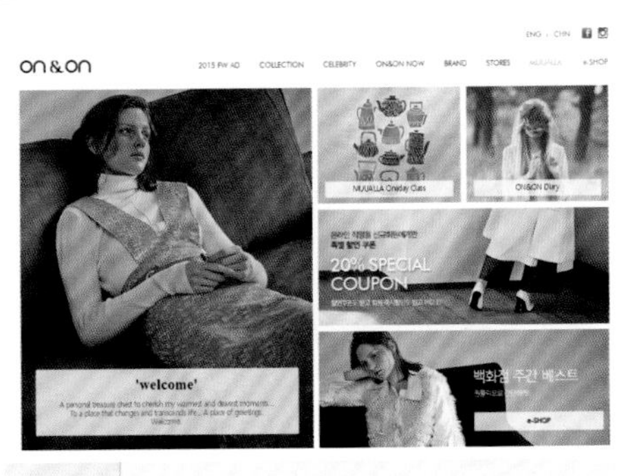

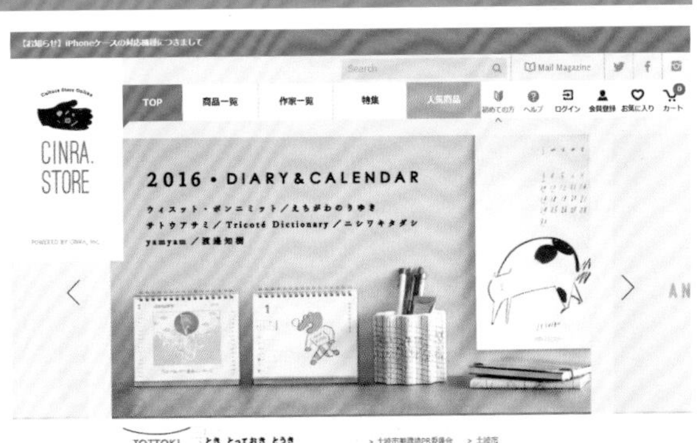

6.11 清新

说到清新，我们能够联想到什么？可能是森林中沁人心脾的空气，是记忆中那穿白色衬衫的翩翩少年，或是雨打梨花的早春。清新仿佛是心灵的一方净土，它纯净、清澈，不带一丝杂质。能够体现清新这一视觉印象的大多为冷色调，颜色明度高，纯度低。在配色中禁忌使用较深的颜色，颜色之间对比效果要弱。

相关词语：清爽、新颖、新鲜、清澈、文艺、干净、舒适。

代表颜色：白色、淡青色、淡蓝色、淡粉色、淡绿色、淡紫丁香色。

应用行业：婚庆类、美妆类、服饰类、生活类、购物类、时尚类、饮品类。

设计理念：通常，圆形或曲线是代表女性的，代表着柔美、舒适、温柔。在该网页中，都是采用曲线或圆形作为基本形状，给人一种柔和的美感。

色彩点评：这是一个产院的网页设计，淡青色的主体色调给人一种清新脱俗的感觉，画面中，整体颜色对比较弱，形成了一种柔和、舒缓的视觉节奏。

1. 画面中孕妇的形象与网页标志相呼应。
2. 网页中各部分内容条理清晰、简单易懂。
3. 整个画面呈现包围型的布局方式，很好地将访客的视线集中到了网页中心位置，使网页的主题一目了然。

CMYK=0,0,0,0 RGB=255,255,255

CMYK=14,1,8,0 RGB=228,243,241

CMYK=11,19,13,0 RGB=232,213,212

CMYK=13,11,42,0 RGB=234,226,167

CMYK=8,6,7,0 RGB=239,238,236

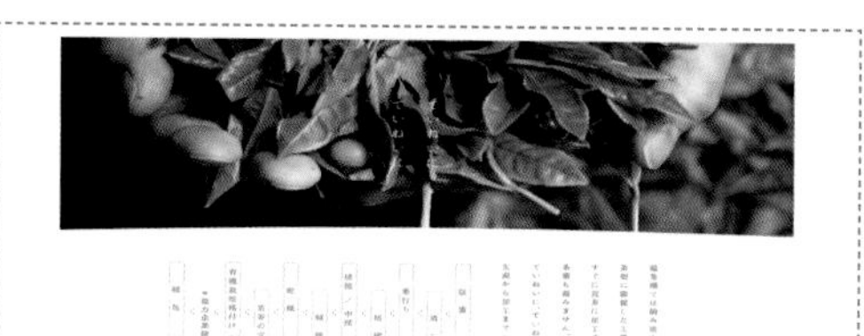

这是一个以茶为主题的网页设计，整个画面以白色作为主色调，以绿色为点缀色，整体上给人一种清新、健康的感觉。画面中文字也为绿色，来自于茶叶的颜色，与整个网页的风格及主题相呼应。

CMYK=83,58,84,29 RGB=44,81,58

CMYK=69,42,82,2 RGB=98,131,78

CMYK=70,38,98,1 RGB=95,136,55

CMYK=0,0,0,0 RGB=255,255,255

该网页为高明度的灰色调配色，整体给人一种温和、谦虚的感觉。在这种色调的作用下，标题中的青色文字变得非常抢眼。而且高明度的灰色调搭配青色，也给人一种清新、淡雅的视觉感受。

CMYK=75,68,65,26 RGB=73,73,73

CMYK=66,18,3,0 RGB=76,177,233

CMYK=11,15,13,0 RGB=232,221,218

CMYK=7,4,8,0 RGB=242,243,238

网页设计的禁忌

1. 禁忌过度的创意

网页设计中不能缺乏创意，但是过度的创意就会让用户产生浏览障碍。而且，当涉及到交互设计的时候，过度的创意会对网站和产品产生不利的影响。

2. 禁忌杂乱无章

网页中复杂多变的表格、文字会破坏整个网页的风格。用户可能会迷失在大量的信息中，所以，在网页设计中，要去繁就简，保持清爽的设计。

3. 禁忌对比较弱

适当的对比能够激发视觉矛盾，构建视觉层次，也是吸引访客注意的方法。画面效果对比较弱，就会让画面失去重点。网页中的对比包括颜色、尺寸、形状等因素。

4. 禁忌颜色杂乱

在一个网页中，要以一种颜色作为主色调，整个画面颜色控制在三种到五种颜色之内。而且不能单纯凭借自己的喜好去配色，还要考虑产品本身的定位，以及标准色和整体的色调，要充分地考虑用户使用时的感受。

配色方案

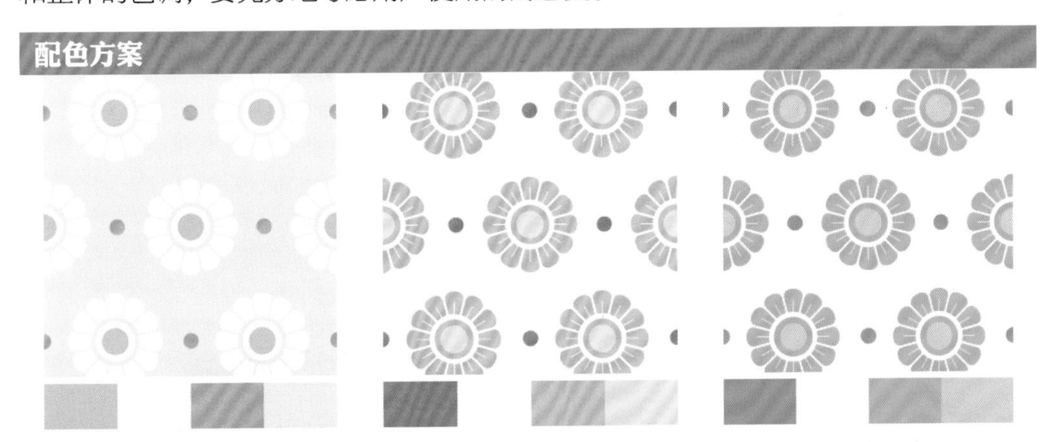

网页设计赏析

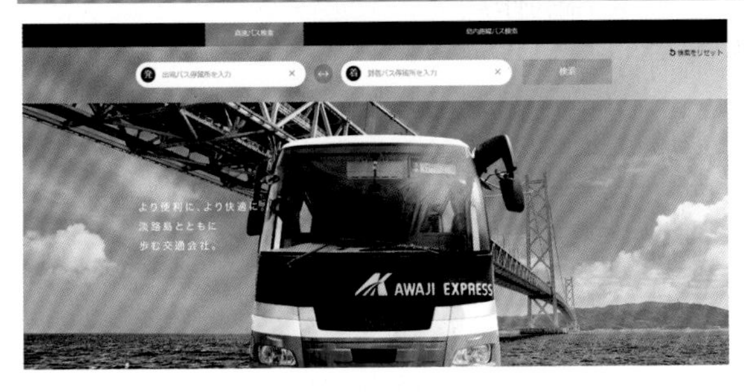

6.12 欢乐

欢乐是一种幸福、开心的感觉，要从颜色上去表现欢乐，要从颜色的纯度、色相和对比三个方面进行考虑。在选择颜色时，高纯度的颜色更容易表现欢乐的感觉；在色相的选择上，尽量选择鲜艳的颜色，少选择黑色、深褐色、藏蓝色等颜色；暖色调相对于冷色调而言，更容易让人觉得欢乐；在配色方案的选择上，可以选择对比色或互补色的配色方案，利用色相、纯度、面积等方法去加大颜色之间的对比，形成更加强烈的视觉冲击力。

相关词语：兴奋、高兴、喜悦、积极、热情。

代表颜色：黄色、橙色、青色、红色。

应用行业：儿童类、教育类、设计类、旅游类、娱乐类。

设计理念：这是一个旅游网站的首页，矢量插画风格的设计给人一种全新的视觉感受。画面中将景区、旅游特色都以插画的形式展现出来，给人一种丰富、活力、欢乐的感觉。

色彩点评：该网页为冷色调，青色的主体色给人一种清凉、年轻、活力的感觉。整个画面颜色非常丰富，动感十足。

① 画面中黄色和绿色为点缀色，这两种颜色一个是对比色，一个是类似色，所以整个画面中颜色既有对比关系，又有平衡关系。

② 网页中虽然图案内容非常丰富，但是中央的两个大字非常醒目，直接突出了画面所要表达的主题。

③ 该网页的导航栏也很有趣味性，利用颜色及图标进行区别，增强了用户体验。

CMYK=40,0,12,0 RGB=149,247,254
CMYK=68,0,46,0 RGB=6,206,173
CMYK=3,31,90,0 RGB=255,194,1
CMYK=85,42,100,5 RGB=14,119,0
CMYK=64,24,23,0 RGB=99,167,191

该网页通过图像表现欢乐的感觉，可以看到画面中人物笑容甜美，非常具有感染力。画面中采用颜色过渡的方法将视线集中在人物身上，从淡青色到蓝色的这种配色给人一种神秘、妖娆的感觉。

CMYK=69,94,62,39 RGB=80,32,57
CMYK=44,100,100,14 RGB=154,12,0
CMYK=60,74,78,30 RGB=103,66,53
CMYK=25,2,2,0 RGB=202,233,250
CMYK=100,98,62,40 RGB=2,26,61
CMYK=100,96,25,0 RGB=12,31,143

该网页以黄色为主色调，整个画面颜色给人以温暖、欢乐、亲切的视觉感受。以黄色作为主色调是与商品产生一种互动性。

CMYK=59,66,92,23 RGB=111,83,45
CMYK=6,15,36,0 RGB=246,224,176
CMYK=17,2,6,0 RGB=221,240,244
CMYK=60,11,99,0 RGB=117,182,41
CMYK=8,19,76,0 RGB=249,214,72
CMYK=49,40,38,0 RGB=147,147,147

图像在网页设计中的作用

图像作为一种“国际语言”，它更容易被人类理解和接受。在这样一个读图时代中，图像更容易表达情绪，也更容易让用户铭记。图像在网页设计中具有以下几点作用。

（1）美化页面。如果网页中只有文字，那么它一定会非常单调。在网页中添加图案，则对网页内容的协调和美化起着积极的作用。

（2）强化表现。图形区别于文字，它可以通过视觉上的形、色来表达情感，从而激发访客无限的想象力，从而能进一步地强化主体、加深印象。而且图形还具有说明的作用，它能让抽象的内容变得具象。

（3）增加趣味性。如果在画面文字较多的情况下，在画面中添加图案，可以增加画面的趣味性，减轻阅读的压迫感，提高阅读的兴趣。

（4）传递信息。图像是传递信息的重要手段，相对于文字而言，图像传递信息的方式更快、更直接、更形象。

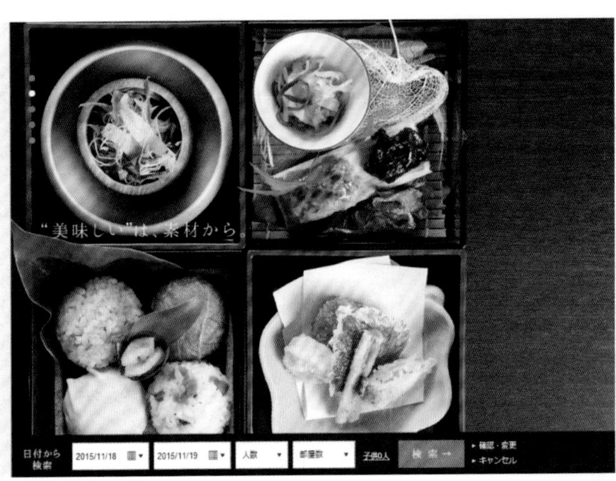

配色方案

网页设计赏析

6.13 温柔

温柔通常是形容一个人的性情温顺体贴，不骄不躁。能够体现温柔的颜色通常颜色对比较弱，颜色的力量感也较弱，给人一种柔软、温和的感觉。

相关词语：温和、儒雅、轻柔、优雅、柔和、放松。

代表颜色：米白色、象牙色、淡黄色、淡粉色。

应用行业：母婴类、美妆类、服饰类、饮品类、购物类。

设计理念：该网页采用简约风格的网页设计，画面中通过图像去对网页的主题进行描述，其他的文字部分简单易懂。

色彩点评：该网页为高明度色彩基调，整体颜色温柔、素雅。画面中的红色带动了气氛。

❶红色是代表女性的颜色，在该网页中，红色的 Logo 和导航栏在颜色对比的作用下格外突出。

❷画面中，手写体的文字让画面看起来更加浪漫、文艺。

❸画面中，网页 Logo 大而显眼，这样的设计可以增加网页的识别性。

CMYK=4,8,21,0 RGB=250,239,212

CMYK=9,87,81,0 RGB=232,66,49

CMYK=17,20,44,0 RGB=224,206,154

CMYK=50,85,92,22 RGB=132,57,40

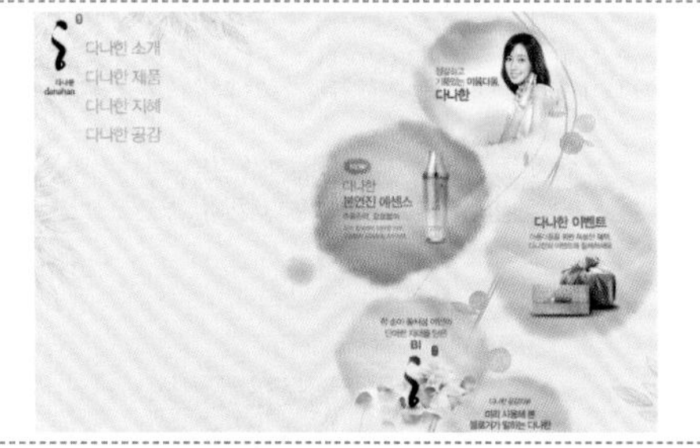

该网页为高明度的灰色调，整个画面颜色对比较弱，给人一种温柔、朴素的感觉。画面中的其他颜色都具有灰色的色彩，画面色调协调、统一。

CMYK=28,23,1,0 RGB=195,195,228

CMYK=16,23,26,0 RGB=223,202,185

CMYK=34,18,11,0 RGB=181,198,216

CMYK=31,28,48,0 RGB=193,181,140

CMYK=10,28,23,0 RGB=134,197,187

CMYK=8,8,9,0 RGB=239,235,232

这是一个家居类的网页设计，该网页以整张大图作为背景，给人一种舒展、大方的视觉感受。该图像整体色调轻柔，高明度、低纯度的配色方法让人体会到很温柔、和煦的感觉。

CMYK=21,29,44,0 RGB=214,187,148

CMYK=10,38,36,0 RGB=234,178,155

CMYK=29,24,24,0 RGB=192,189,186

CMYK=12,11,14,0 RGB=230,227,219

CMYK=20,19,27,0 RGB=213,206,188

网站首页设计

网站首页是一个网站的入口网页，是整个网站的门面。网站首页的设计分为图像展示型和信息罗列型。

1. 图像展示型

图像展示型的网站首页文字信息较少，用图像向访客展示企业的形象、商品、服务等信息。网站的首页设计要有明确的主导型，通过艺术造型、设计布局和色彩为访客留下深刻的印象，并引导他们继续留在网站中浏览网页。

2. 信息罗列型

信息罗列型是在首页中就罗列出网站的主要内容分类、重点信息、网站导航、公司信息等，画面中内容丰富，所以在设计过程中，要避免杂乱无章。

配色方案

网页设计赏析

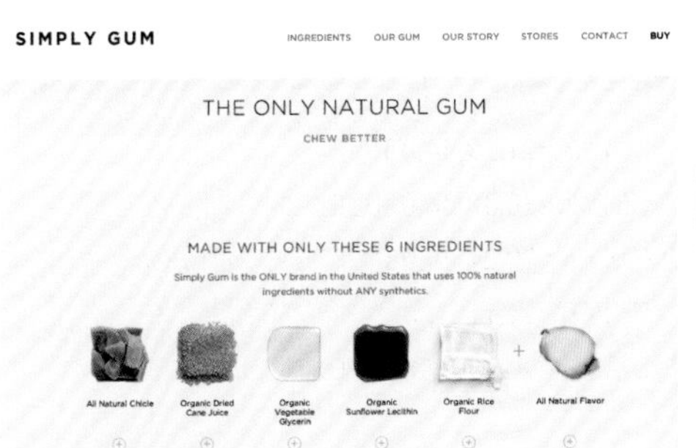

6.14 成熟

如果要通过颜色去表现女性的成熟，可以通过暗红色、深紫色进行表达；如果要表现男性的成熟，可以通过深灰、藏蓝色的光颜色进行表达；如果要表现秋天的成熟，可以使用椰褐色或柿子橙色。

相关词语：稳重、老练、沉稳、内敛。

代表颜色：黑色、灰色、褐色、酒红色。

应用行业：科技类、经济类、政治类、法律类、服饰类。

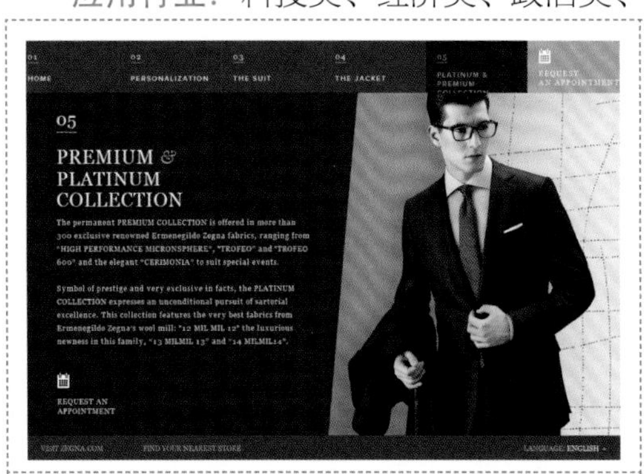

设计理念：网页将画面分为左右两个部分，左侧为文字，右侧为商品。这样井井有条的布局方式，能够给人留下非常深刻而又友好的视觉印象。

色彩点评：这是一个男装的网页设计，深灰色代表男性坚强、刚毅的个性，黄褐色代表深沉、优雅的品行。

1 灰色是很具有包容性的颜色，在画面中，灰色与黄褐色的配搭非常自然，毫无违和感。

2 画面中的模特非常帅气，很具有吸引力。

3 网页中以直线、矩形进行装饰，符合男性的性格特点及审美要求。

CMYK=84,79,78,63 RGB=29,29,29
CMYK=75,69,66,29 RGB=70,70,70
CMYK=42,51,78,1 RGB=168,132,75
CMYK=16,12,12,0 RGB=220,220,220

该网页以亮灰色作为主色调，给人一种理智、温和、成熟的视觉印象。成熟比较死板，红色的导航栏就显得格外地突出，让画面变得更加生动、有趣。

CMYK=13,99,100,0 RGB=226,2,18
CMYK=0,0,0,0 RGB=255,255,255
CMYK=7,5,5,0 RGB=240,240,240
CMYK=24,18,18,0 RGB=203,203,203

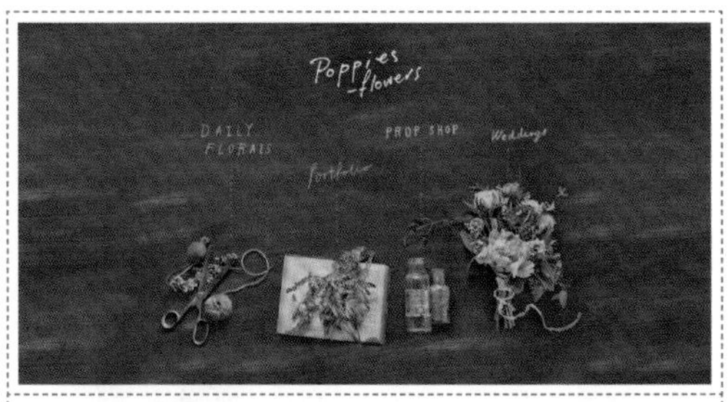

灰色作为一种无色彩，它的视觉感受非常的稳定、厚重，有一定的力量感。该网页以灰色为主色调，整个画面布局简单，几处有彩色的图案更是显得落落大方。

CMYK=40,87,62,1 RGB=173,65,81
CMYK=55,44,86,1 RGB=138,137,67
CMYK=26,50,33,0 RGB=201,147,150
CMYK=19,25,38,0 RGB=217,195,162
CMYK=72,69,67,28 RGB=78,71,69

如何保证整个网站的设计风格统一

所谓风格统一，就是访客在浏览同一网站中的不同网页时，风格看上去大体是一致的，不会在网页跳转过程中产生一种“走错房间”的迷茫感觉。

风格统一的网页设计很容易在浏览者头脑中形成一种连续的记忆，从而加深访客对网页的印象。我们可以通过色彩、视觉元素、字体、尺寸这几个方面去保证一个网站的视觉统一。

（1）色彩统一。在一个网站中，尽量选择同一主色调，配色方案要相同。

（2）视觉元素统一。例如图标、按钮的风格统一，Logo和导航的位置要统一等。

（3）字体统一。在网页中，要选择合适的字体，根据信息的层级去设置相应的字体、字号。

（4）尺寸统一。例如网页中的内容、图像的大小、每个元素之间的间距的统一。

配色方案

网页设计赏析

6.15 音乐狂欢夜活动的网页设计

6.15.1 设计说明

效果说明：

该网页为低明度色彩基调，以低明度的紫色为主色调，通过明度的变化营造层次感。以紫色为网页的主色调，整体上给人一种神秘、魅力诱惑的视觉感受。网页中以洋红色为点缀色，紫色和洋红色为类似色，两种颜色搭配在一起，整体效果和谐、自然，透露着激情和时尚的感觉。

商家要求：

- ◆ 颜色具有感染力，能够突出音乐、狂欢这样的主题。
- ◆ 网页操作简单，方便用户使用。
- ◆ 网页布局要求现代、简约，内容翔实，言简意赅。
- ◆ 网页层次分明，主要信息突出。

解决方案：

◆ 网页采用无限滚动的方式，用户使用鼠标中轮就可浏览网页中的大致内容，省去了繁杂的点击，方便用户操作。

◆ 网页以紫色为主色调，搭配洋红色和多彩的线条，给人一种年轻、活力的感觉。

◆ 采用通栏式的网页布局。

◆ 网页中图文并茂，内容丰富，文字信息条理清晰，非常易于访客的阅读和理解。

6.15.2 不同视觉印象解析

艳　丽	分　析

- 网页的视觉印象会随着颜色的改变而改变，在该网页中，紫色搭配洋红色，给人一种艳丽、绚丽的视觉感受。这样的色彩感觉更受女性的青睐。
- 该作品在版式上有轻微的改动，在中间和下方的版面中，添加了白色的边框，这样可以让视线更加集中。
- 该网页采用同类色的配色方案，在整体效果和谐的前提下，又充满了无穷的变化。

同类欣赏：

轻　柔	分　析

- 该网页整体的色彩轻柔，淡粉色和淡青色搭配在一起，两种颜色在明度、色相上的对比都比较弱，给人一种轻柔的感觉。
- 网页图片色彩艳丽，背景颜色则轻柔，两种感觉形成强烈的对比效果。
- 通常高明度、低纯度的色彩都能够形成轻柔、温柔的感觉。这种色调应用在音乐主体的网页中，是一种另辟蹊径的做法，给人一种别开生面的感觉。

同类欣赏：

时 尚	分 析

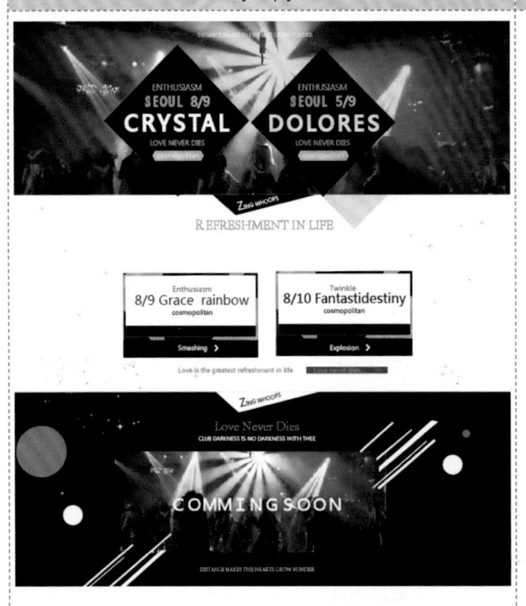

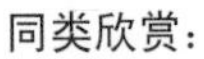

同类欣赏：

- 该网页采用黑色搭配白色的配色方式，黑与白这样明度对比最强烈的颜色搭配在一起，给人一种鲜明、激烈的视觉感受。
- 单纯的黑色与白色的搭配会显得死板，在这里，网页使用了紫色调的图片作为辅助色，这样的设计既能丰富画面的颜色，又营造了欢乐、动感的氛围。
- 在该网站中，黑色代表炫酷，白色代表沉静，紫色代表活跃，三种颜色搭配在一起，整体上给人一种时尚感和现代感。

妩 媚	分 析

同类欣赏：

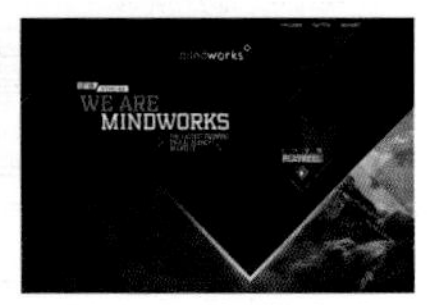

- 该网页以红色为主色调，整体颜色没有过于强烈的对比，整个网页给人一种妩媚、妖娆之感。
- 在第二个版面中，网页添加了放射状背景，采用这样的设计，可以让前景中的内容更加突出。
- 在该网页中，添加了中黄色作为辅助色，它与红色为对比色，形成对比，让整个画面的颜色更加鲜活、出众。

6.15.3 其他音乐网页不同视觉感受解析

该网站为低明度色彩基调，以黑色搭配白色，给人很强的视觉冲击力。网页Banner采用半透明的处理方式，形成了该网页中独树一帜的亮点。

这是一个女子组合的个人网站，网页整体以洋红色作为主色调，搭配明黄色作为点缀色，整体上给人一种既可爱、甜美，又不乏青春活力的感受。

该网页走的是干脆、时尚的风格，在白色背景的衬托下，中景中的人物显得更加鲜活。为了避免网页的平庸之感，前景中多彩的艺术字起到了锦上添花的作用。

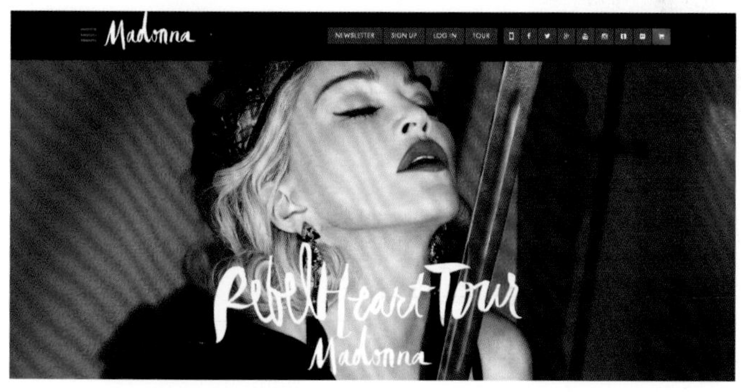

该网页为女歌手的个人网站，网站以黑色搭配红色，整体上传达出一种性感、妩媚的格调。

6.15.4 同类网页欣赏

HOME
WORK
CAREERS
CONTACT
ANIMAL

Nos domaines
d'expertises
Stratégie
1755 - 2013

Revelator
Music's
everything.
Top stores
37%

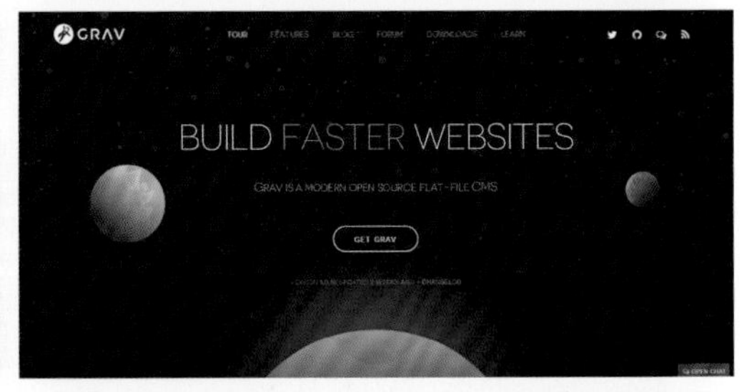
GRAV
BUILD FASTER WEBSITES
GRAV IS A MODERN OPEN SOURCE FLAT-FILE CMS
GET GRAV

JAPAN
SENSES
美

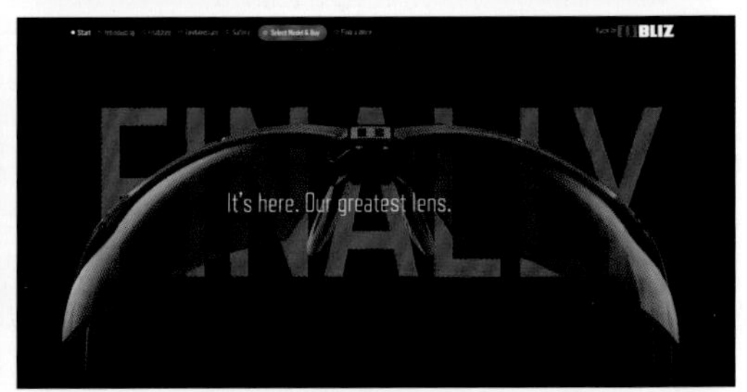
BLIZ
FINALLY
It's here. Our greatest lens.

SAVED BY PETER MULLIN

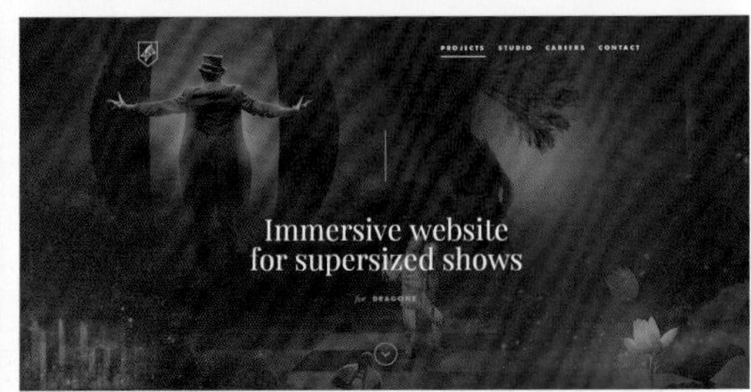
PROJECTS
STUDIO
CAREERS
CONTACT
Immersive website
for supersized shows

에버랜드 여름 축제
Summer Splash
Fantastic
Summer Night
2014. 6. 20 ~ 2014. 8. 31

Personal
Brandinstitute
Twoją marką jest to,
co ludzie mówią o tobie,
kiedy wyjdziesz z pokoju.

第7章 网页设计秘笈

很多网页设计人员都有这样的烦恼：怎样才能成为一个优秀的设计师？网页设计有没有什么诀窍？虽然设计没有捷径可言，但是，凡事需要讲究方法，本章就来介绍一下网页设计中的技巧。

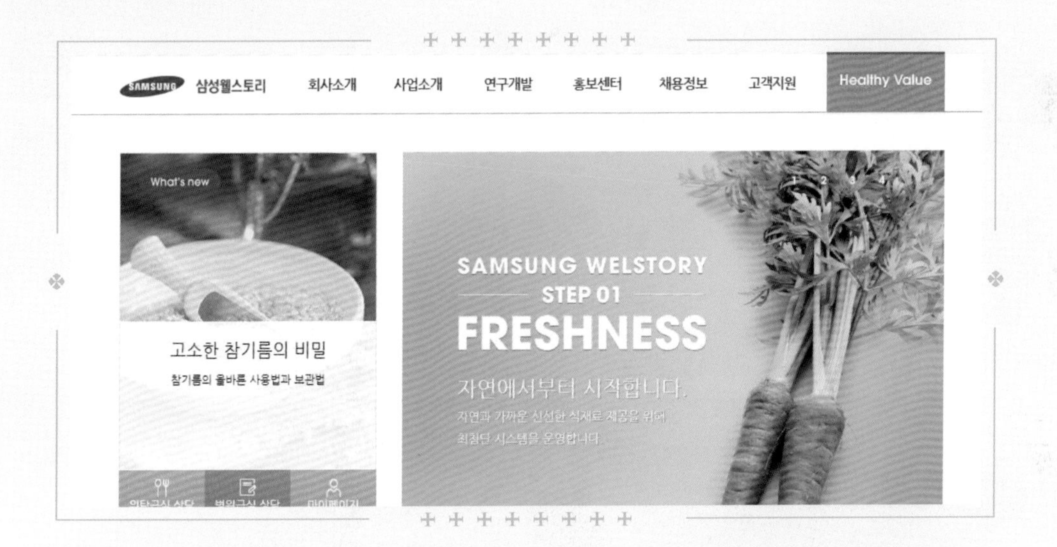

7.1 网页文字的排版技巧

排版是为了优化信息传递而进行的排列组合，在海报设计、版式设计中都讲求排版的合理和精巧，网页设计中也不例外。网页中，文字排版效果的好坏直接影响到网页的设计水平和可阅读性，它既是一门艺术，也是一种技巧。好的排版非常注重视觉精度和细节，甚至连很小的细节都不容忽视。

1. 注意行间距

行间距是指两行文字之间的距离。当行间距太窄时，文字会显得拥挤，阅读时需要花时间去分辨。而行间距太宽时，阅读的连贯性就会受到干扰。一般情况下，两行文字之间的距离不会越过两个字的高度，适中的行间距在阅读中会有一种轻松、舒适的感觉。

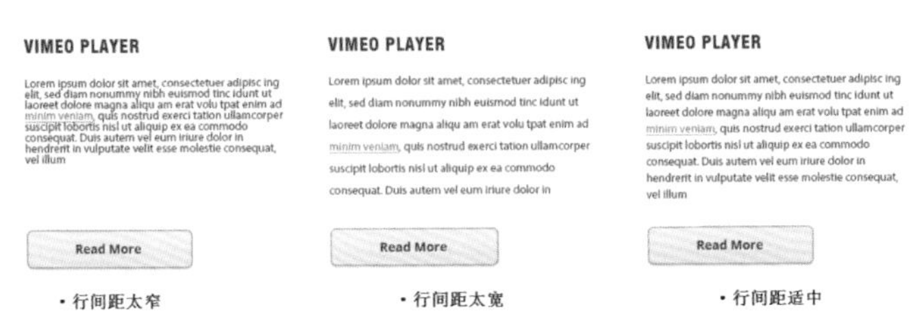

· 行间距太窄　· 行间距太宽　· 行间距适中

2. 注意行宽

在文字过多的情况下，通常设计者会进行分栏，这样就可以避免阅读过程中眼睛不停地来回扫视产生的错行现象，从而提高阅读速度和改善阅读感受。

3. 注意行对齐

无论是活泼的、新潮的、严肃的还是文艺风格的网页设计，都有一种很明确的对齐方式，这样才能实现一个网页的规范性。通常情况下，建议在页面上只使用一种文本对齐方式，且尽量避免两端对齐。

4. 注意文字数量

随着科技的发展，人们的阅读习惯也发生着变化，现代人更喜欢看图而非文字，网页中大量的文字只会让人厌烦，设计过程中，应尽可能地避免使用大量文字。若要避免阅读的压迫感，可采用图文结合的方法，为访客营造一种轻松、舒适的阅读环境。

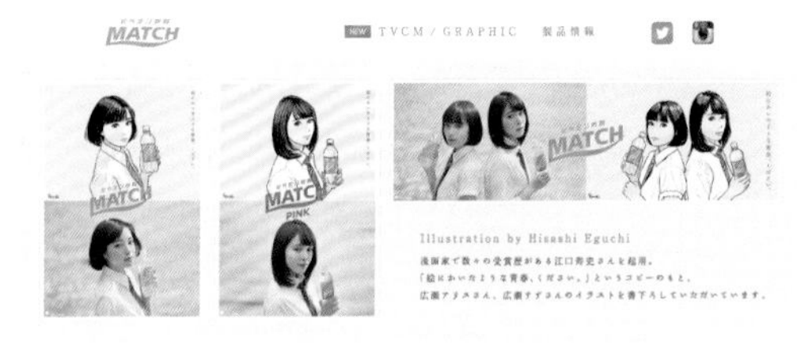

7.2 首页设计的重要性

正所谓“良好的开端是成功的一半”，在网站设计上也是如此。企业网站的首页奠定了访客对企业的第一印象。一个专业、精良、个性的网站首页，会给访客留下良好的印象，并留住访客继续访问该网站。反之，一个粗制滥造的首页设计则会让访客对该企业的产品、服务质疑，从而对该企业失去兴趣。优秀的网站首页设计通常会体现出网站的整体风格和企业的经营理念，还要个性鲜明，足以吸引访客的注意。在对企业网站首页设计的过程中，需要设计人员仔细阅读企业的CI手册，熟悉企业标志、吉祥物、字体及用色标准，让这些元素在网站的首页中体现出来。

7.3 如何把握网页的一致性

在一个网站中会包含多个页面，网页的一致性是设计要点之一。具有一致性的网页能够帮助企业推广品牌、清晰传递信息，使得消费者对企业产生信任感，获得良好的用户体验。可以通过以下几个方面实现网页的一致性。

1. 风格的一致性

每个网站都有属于自己的风格，企业网站会选择理智、严肃的风格，个人网站会选择个性、时尚的风格。统一的网页风格能够让整个网站实现更好的一致性。

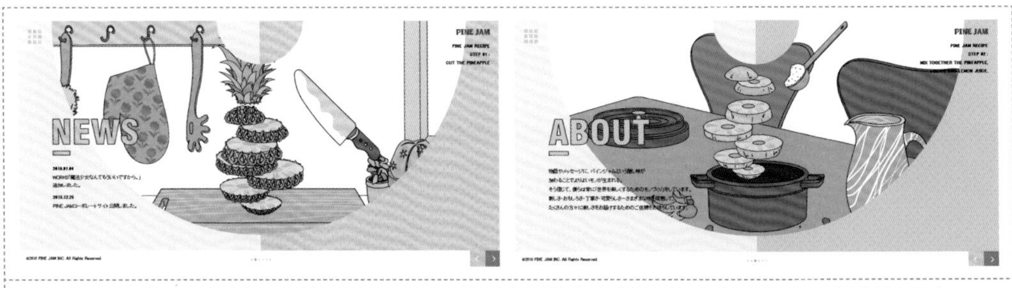

● 该网站采用矢量插画风格，艳丽、幽默的插画使人眼前一亮，为访客留下深刻的印象。

2. 色彩的一致性

访客对网页颜色的感受要比网页布局更加敏感，统一的颜色能体现出网页的一致性。尤其是导航栏的颜色统一，更能体现出网页色彩的一致性。

● 该网站的网页不仅在表现形式上非常相似，在色调上也非常统一。网页以白色作为背景色，以深绿色为主色，在图片元素的选择上也同样选择绿色的蔬菜，整个画面效果非常和谐。在网页跳转中，形成非常自然的衔接效果。

3. 导航栏的一致性

导航栏是整个网站的重要组成部分，是每个用户都会注意到、使用到的部分。整个网站导航栏的位置、形式上的一致，同样能够让网页产生关联。

● 在这两个网页中，页面内容虽然发生了变化，但是网页顶部导航的颜色、位置、大体内容都没有发生变化。

4. 特别元素的一致性

在网页中都会具有一些特别的元素，例如企业标志、商品标志、象征图形等，这些特别元素在网页中反复出现，可以给访客留下深刻的印象。

● 在这两个网页中，虽然图像的内容和背景颜色发生了变化，但是文字、按钮等元素的位置都没有变化，在访客浏览的过程中，很容易形成联想。

5. 图形或图像的一致性

图形或图像也是很容易吸引人注意的元素，在网页中反复出现某个图形或图像都能够引起访客的连续性记忆，从而实现网页一致性的目的。

● 在该网页中，飞溅效果的图形是一大亮点，在其他页面中也能够看到这些图形的存在，这就很好地体现了网页之间的连贯性和一致性。

6. 背景的一致性

背景的处理包括背景图片和背景色两种。一般情况下，背景所占页面的面积较大，统一的背景更容易奠定网页的风格，保证网站的一致性。

● 网页卡其色的背景和装饰图案给人一种低调、淡定的视觉感受。在网页的滚动过程中，虽然内容发生了变化，但是整体的视觉效果没有发生改变。

7.4 首页中的文字处理技巧

网站首页是设计的重点，它需要在最短的时间内引起访客的注意。网页设计离不开文字，在本节中，就来讲解首页中的文字处理技巧。

1. 加强对比

有对比才会有突出，在对文字和图像进行处理时，一方面要加强文字与图像的对比，另一方面，要加强文字与文字之间的对比。在设计中，文字与背景之间的色彩要保证用户能看得清楚，例如，当以暗色作为背景颜色时，就应该以白色或浅色作为文字的颜色，这样文字才能凸显出来。文字与文字之间也要形成对比，因为所要表达的信息是不同的，重要的信息就该醒目，所以文字就该突出；反之，不重要的信息就该隐蔽。

文字的背景为中明度色彩基调，在这样的背景颜色对比之下，白色的文字就显得格外突出。

该网页中，标题文字与副标题文字的字号相差很大，在这样的对比之下，标题文字非常抢眼，很有号召力。

2. 文字与图案相融合

文字与图案相结合，使它们成为一个整体，这样既能保证文字信息的传递，又不失趣味性，是一举两得的方法。

在该作品中，文字与香蕉结合在一起，两种不同的元素结合在一起，会给人意想不到的视觉感受。

3. 沿着视觉流向排布

利用时间的流动去引导人的视线是一种很科学、实用的方法，它让文字和图片发生了逻辑关系，两者相辅相成，访客既阅读了文字，也观察了图片。

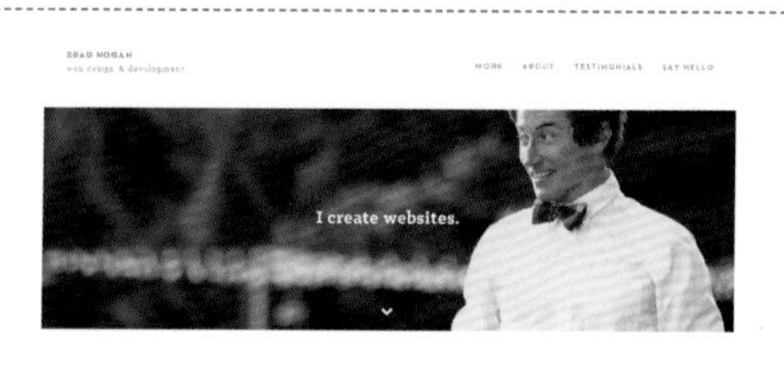

网页中人物的视线向左移动，所以文字的位置在人物的左侧，有视觉引导的作用。

4. 简化文字

在设计中，有一种观点叫作“少即是多”，这充分证明了简洁也是一种非常有效的设计手段。太多花哨的内容，很容让访客无所适从，那么简化的文字搭配上简约的风格，会让网页变得没有阻碍和干扰，让浏览变得更加简单。

该作品的整体风格非常简洁，简单易懂的文字能够在瞬间吸引人们的眼球，并留下深刻的印象。

7.5 导航栏的种类

网页导航是指通过技术手段，为网页的访问者提供一定的途径，使其可以方便地访问到所需的内容。它就像指示牌一样，告诉访客当前在哪里，将要到哪里。网页导航通常位于网站的 Banner 下面或网页的顶部，也有位于网页侧面或底部的。

1. 位于顶部

这是一种比较常见的导航栏，它位于网页的顶部，或者位于网站的 Banner 下面。

2. 垂直导航菜单

垂直导航栏也是一种常见的导航方式，它位于页面的左侧或右侧，在设计中需要配合整个页面的布局。

3. 底部导航

导航栏位于网页底部的做法并不多见，通常，滚动式的网页会采用这样的做法。如果导航栏位于底部，那么最好让其始终位于底部，这样可以避免用户迷失。

4. 滑出菜单

滑出菜单是当光标移动到指定位置后会显示出隐藏着的菜单，这种响应式的导航可以给用户一种非常愉悦的体验，而且打开网页后，访客先看到的是网页中的主要内容，而不是导航栏。

5. 动画导航

巧妙地使用动画导航能为整个页面增添光彩，还能带来独特的视觉体验，给用户意外的惊喜。但是，动画导航不宜做得过于复杂，要以用户体验作为出发点，在方便快捷之余，做到精益求精。

6. 卡片式导航选项

卡片式导航对每个部分进行分类，清晰直观，简单大方。一般情况下，卡片式导航都会采用图文结合的方式进行组合，利用图形让导航变得更加直观。

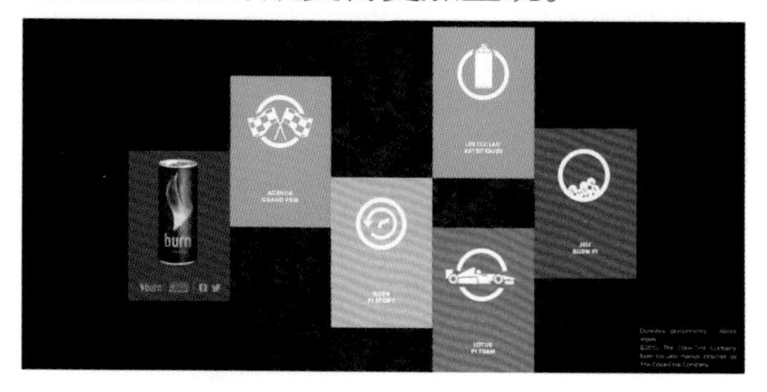

7.6 网页 Banner 的构图技巧

网页 Banner 是指网页中的横幅广告，网页 Banner 的设计要能够形象鲜明地表达出最主要的情感思想或宣传中心。Banner 所占的面积在整个网页中是很有限的，巧妙的构图能够让它引起访客的注意，产生点击的欲望。Banner 的构图大概分为以下几种：垂直或水平式构图 、三角形构图、空间式构图、框架式构图和对角线构图。

1. 垂直或水平式构图

垂直式的构图能够充分展示出商品的特点，具有很强的秩序感。水平式的构图符合人类的阅读习惯，给人一种稳定、舒适的感觉。

2. 三角形构图

三角形构图分为正三角形和倒三角形两种，正三角形构图立体感强，层次分明；倒三角形构图由主到次，条理清晰，有很强的运动感。

3. 空间式构图

空间式构图是由多个产品进行渐次式排列，利用近大远小的空间关系去体现空间感。通常，这类构图适合面积较小的网页广告。

4. 框架式构图

框架式构图规整平衡，稳定坚固，能够给用户一种产品值得信赖、品质可靠的感觉。

5. 对角线构图

这种构图是将一个画面一分为二，以两种不同的角度去展示商品。这种构图两个版面所占的面积比重相对平衡，活泼中又具有稳定感。

7.7 网页配色的基本原则

色彩给人带来的视觉效果非常明显，一个网站设计成功与否，在某种程度上取决于设计者对色彩的运用和搭配。选择一个合适的网页颜色，不仅要考虑网页的主题，还需要符合访客的审美喜好。

（1）网页配色需要具有特色。色彩是对于网页的第一印象，无论是在个人网站还是在企业网站中，网页的配色都应该形成自己的风格，从而引起并加深访客对网页的印象。一个网页若在配色上没有特色，那么它的布局再巧妙、动画再精美，都不足以让访客为之动心。

（2）总体协调，局部对比。总体协调，局部对比的含义是整个网页的色彩应该是和谐、统一的，但是，在局部可以有一些色彩形成强烈的对比。

（3）注重艺术美感。网页的配色不能与艺术脱轨。注重艺术美感的配色方案，不仅能很好地表达网页的主旨，还能激发访客的兴趣，让访客在浏览网页的过程中体验到艺术和科技交融的双重感受。

7.8 网页设计中要提高用户体验

用户体验是指用户在浏览、使用网页过程中建立的感受，好的用户体验能够提高自身的竞争优势，增加网页的回访率。用户体验分为感观体验、交互用户体验和情感用户体验。感官体验是指呈现给用户视听上的体验，一般在色彩、声音、图像、文字内容、网站布局等方面呈现；交互体验是通过浏览、点击、输入等操作进行体验，强调交流、互动；情感用户体验是一种心理上的体验，强调访客的心理认可度，它是更高层次的用户体验，容易让访客形成好感和信赖感。若想改善用户体验，可以通过以下几种方式来做到。

（1）有属于自己的风格。俗话说“人靠衣装马靠鞍”，网页的配色、布局是访客对网页的第一印象，所以网页要有属于自己的风格，尽量做到美观、大方，给访客留下好的印象。

（2）符合用户的使用习惯。每个人都有不同的使用习惯，虽然众口难调，但还是有规律可循的。例如年轻人喜欢不拘一格，中年人喜欢严肃认真，老年人喜欢中规中矩。

（3）内容专业，资源丰富。网站的内容是网站的关键所在，是整个网站的灵魂。若要让访客有最好的用户体验，那么必须要让访客找到自己想要的资源。

（4）贴心的服务。现代社会卖的不单单是商品，还要卖服务。网站也是这样的，就拿购物网站来说，通过客服对商品的介绍，能够形成良好的口碑，也给商品销售带来积极的影响。

7.9 扁平化设计五大原则

扁平化的设计风格给人一种很简练、抽象、符号化的印象，是网页设计的一大流行趋势。不仅如此，扁平化的设计还可以提高速度。在设计扁平化风格的网页时，可以遵循以下原则。

（1）没有特效。扁平化的设计风格与拟物化的设计风格正好相反，它不需要阴影、高光、凸起、羽化这样的效果，而是通过简单的视觉语言去表达简练、干脆的效果。

（2）简洁。扁平化设计的一大特点是直观、易用，它没有过多繁杂的装饰，以最常见的图形作为视觉符号，让整个页面显得非常简洁。

（3）注重版式。扁平化的设计要素要求简单，所以就要更注重版式上的设计。简洁的排版能够增强易用性和交互性。

（4）注重色彩。色彩的使用对于扁平化设计来说非常重要，在配色中，通常会选择几种纯色来搭配。

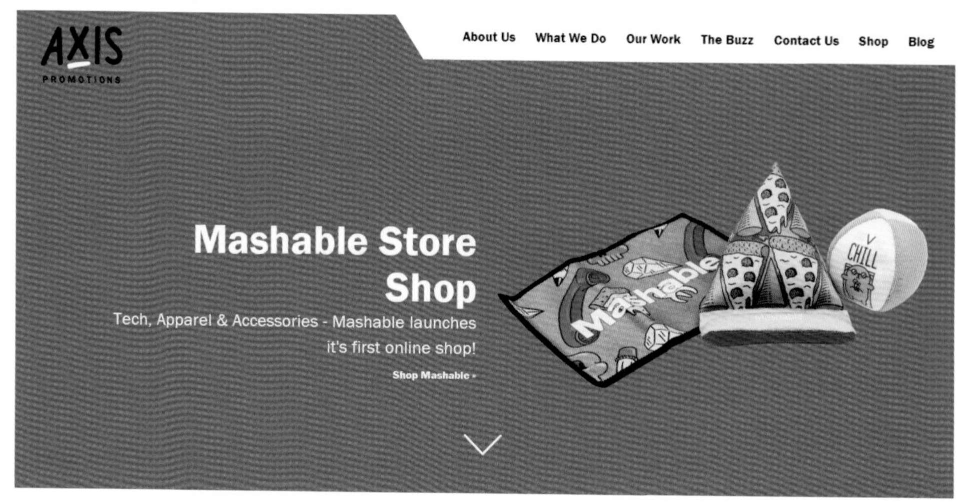

7.10 网页背景常用的表现方法

（1）采用真实的背景图片。

采用真实图片作为背景的前提，是这个图像必须清晰且具有代表性。图像的特点是比文字更容易让人理解其中的含义，采用真实图片作为背景，往往更能够引起访客的注意。

（2）采用模糊的背景。

模糊的图片并不是图片的像素质量不好，而是通过一定的技术手段使其模糊。通过模糊的背景，能够以虚实对比的方法将前景中的内容衬托出来。

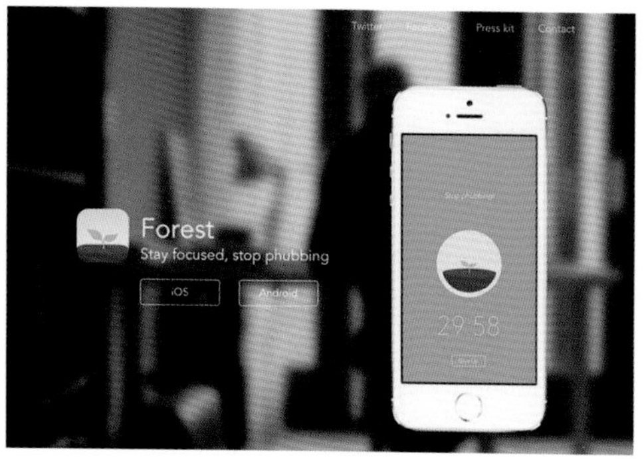

（3）采用纯色。

扁平化的设计风格通常会采用纯色作为背景，大面积的纯色总是会给人一种清晰、纯粹的感觉。采用纯色作为背景时，通常会利用色彩的饱和度和对比度来形成对比，从而获得优美的视觉效果。

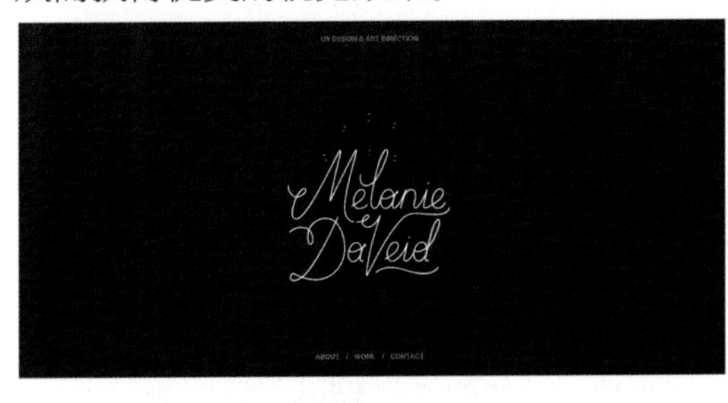

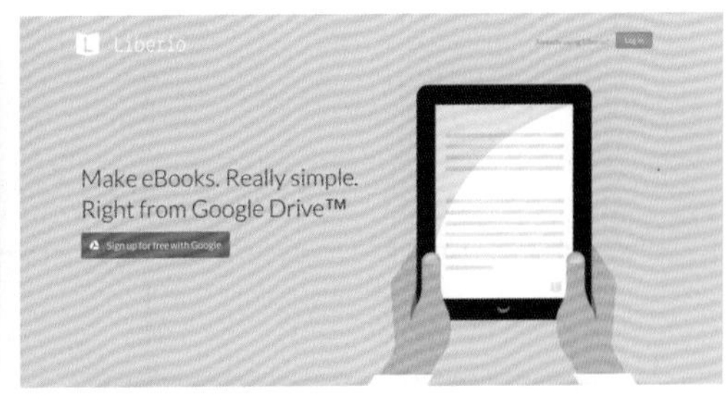

（4）图案和纹理。

采用图案和纹理作为背景时，通常会选择内容细致但不抢眼的图案或纹理。这样的背景既能让网页内容变得丰富，又不会喧宾夺主。

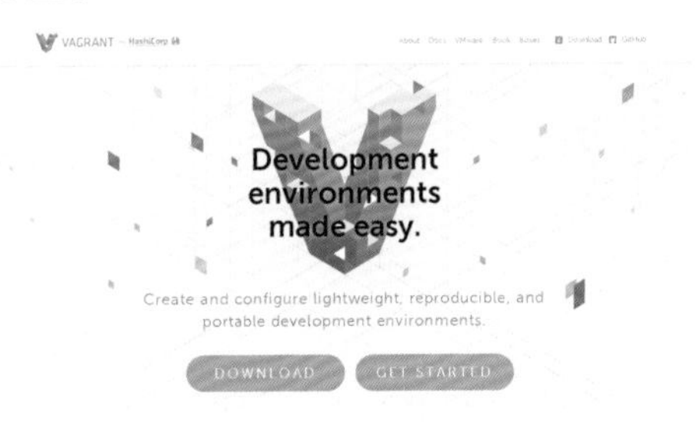